U0151889

地理学综合实验实习指导丛书

水文气候学实习教程

主　编　覃伟荣

副主编　程秋华　张亚丽　李素霞

WUHAN UNIVERSITY PRESS
武汉大学出版社

图书在版编目(CIP)数据

水文气候学实习教程/覃伟荣主编 . —武汉：武汉大学出版社，
2022.1
地理学综合实验实习指导丛书
ISBN 978-7-307-22383-7

Ⅰ.水…　Ⅱ.覃…　Ⅲ.水文气象学—教育实习—教材　Ⅳ.P339

中国版本图书馆 CIP 数据核字(2021)第 118493 号

责任编辑:白绍华　　　　责任校对:汪欣怡　　　　版式设计:马　佳

出版发行:**武汉大学出版社**　　(430072　武昌　珞珈山)
　　　　　(电子邮箱:cbs22@whu.edu.cn　网址:www.wdp.com.cn)
印刷:武汉邮科印务有限公司
开本:720×1000　1/16　印张:7.75　字数:154 千字　插页:1
版次:2022 年 1 月第 1 版　　2022 年 1 月第 1 次印刷
ISBN 978-7-307-22383-7　　定价:32.00 元

版权所有,不得翻印;凡购我社的图书,如有质量问题,请与当地图书销售部门联系调换。

地理学综合实验实习指导丛书

编 委 会

黄远林　张士伦　李素霞　申希兵　龙海丽
卢炳雄　莫小荣　林俊良　覃伟荣　刘　敏
白小梅　李　娜　官　珍　王华宇　程秋华
覃雪梅　韦东红

特别鸣谢

曾克峰　刘　超

总　序

　　地理科学专业以应用性与科学性为指导，是研究地理要素或者地理综合体空间分布规律、时间演变过程和区域特征的一门学科，是自然科学与人文科学的交叉学科，具有综合性、交叉性和区域性的特点，具有较强的实践性及应用性。

　　北部湾大学资源与环境学院《地理学综合实验实习指导丛书》是在地理科学专业人才培养要求下编写的，注重培养学生的实践能力及野外操作能力，包括土壤地理学、植物地理学、地质地貌学、水文气候学、人文与经济地理学等方面，同时也是北部湾大学地理科学专业对应课程实验、实习配套指导书。

　　学校立足北部湾，服务广西，面向南海和东盟，服务国家战略和区域经济发展，致力于把学生培养成为具有较强的实践能力、创新能力、就业创业能力，具有国际视野、高度社会责任感的新时代高素质复合型、应用型人才。本丛书结合学校定位，充分挖掘地方特色和专业需求，通过连续两个暑假的野外实习路线和用人单位实际调研及长达40多年来的实际教学，累积了大量的野外教学观测点和实验实习素材，掌握了用人单位之所需，体现了人才培养方案之所用。

　　为了丛书的编写质量，北部湾大学资源与环境学院成立了专门的丛书编委会、专家指导委员会及每种指导书的编撰团队，以期为丛书的顺利出版打下基础。

　　本丛书的出版要特别感谢中国地质大学曾克峰教授、刘超教授及其团队的指导，他们连续两年暑假亲自带队调研，确定野外实习路线，亲自修改每一种指导书的初稿。没有他们的付出，就没有丛书的形成，衷心感谢曾教授及其团队的无私奉献和"地理人"的执着努力。同时对北部湾大学教务处、毕业生就业单位以及野外实习单位所涉及的工作人员一并表示感谢。

编　者

前　　言

本教材依据水文学、气候学等课程编制，着重培养学生的理论与实践能力。本教材是针对北部湾地区水文气候现象制定的实习指导书，教材注重的是课程教学实践，是一门应用型的课程教材。主要内容分为六部分八章节，前四个部分是核心内容，主要为实习总体介绍、广西水资源情况、水文气候的基本原理和基础知识、实习与教学路线结合等组成。其中最有特色的是第七章，把课程基础知识在自然教学点和校外教学实践基地内容建立对应关系。并合理制定了实习路线，供开设地理科学和地理信息科学专业的高校参考。

目　　录

第一部分　实习介绍

第二部分　广西气候水文的总体概况

第三部分　基本原理和基础知识

第四部分　教学点和见习路线

第7章　教学点知识 ··· 71

第8章　校外课程教学实习路线 ·· 87

第一部分　实习介绍

第1章 课程介绍

1.1 课程的性质和目的

1.1.1 课程性质

水文气候学是地理科学、地理信息系统等专业的必修课，是水文与水资源管理、气象学与气候学课程或模块的合并。地质学基础、地球概论是必修课，为专业基础课，是后继课程的基础。

1.1.2 教学目的

水文与水资源管理的教学目的和任务是使学生掌握一定的水文与水资源管理的基础知识，初步懂得水文现象观测方法和水文资料的分析处理过程，并通过各个教学环节逐步培养学生具有抽象思维能力、逻辑推理能力和自学能力，提高学生的观察能力和运用所学理论解释自然中有关现象和问题的能力，为水资源利用和规划、管理服务，也为进一步学习本专业其他课程服务。

气象学与气候学课程主要目的是：

(1)了解气象学的基础知识。了解大气温、湿、压、风等主要要素的意义、表示方法、测量方法。初步掌握上述主要气象要素的基本变化规律和地理分布特征，初步学会分析影响主要气象要素时空分布变化的原因，为进一步学习气象学和气候学打下良好的基础，并为今后进一步学习和研究打下必要的基础。

(2)初步了解大型天气系统及其控制下的天气特点。

(3)初步掌握现代气候的形成原因，气候带和气候型的分类原则，气候的地理分布特征，气候变迁及原因，使学生对气候的形成、变化及分布有一个比较全面的认识和了解，为学习后续专业课程和适应中学教学打下良好的基础。

(4)初步掌握地面气象观测的基本原理和方法。

1.2　课程教学内容及课时

水文气候学理论课时 64 学时，实践课时 25 学时。

第2章 实习大纲

2.1 实习目的与任务

2.1.1 气象实习

本次实习目的是理论联系实际，使课堂的理论教学与生产实践中的气象问题密切结合，使学生加深理解已学过的气象方面的理论知识；在实习中培养学生的独立工作能力和解决实际问题的能力；增强学生的防灾减灾意识，培养学生对气象科学的兴趣。

2.1.2 水文实习

本次实习的目的是理论联系实际，使课堂的理论教学与生产实践中的水资源问题密切结合，使学生加深理解已学过的水资源管理方面的理论知识；在实习中培养学生的独立工作能力和解决实际问题能力；增强学生的水患意识；引导学生热爱水利科学和献身水利事业。

2.2 实习方式与基本要求

2.2.1 实习方式

学生通过学校介绍或者自我推荐的方式深入到企事业单位等相关部门进行实习，进一步强化学生对于专业知识的应用能力。

2.2.2 基本要求

1. 初步学会对资料的收集、整理和分析的基本方法。

2. 通过本次实习使学生了解水资源和气象资源调查评价的主要内容、基本步骤，初步掌握其主要方法。

3. 使学生在实习报告的编写等方面得到一次较为严格的训练。

4. 在本实习开始前，指导教师应根据本大纲的要求及选题编写出实习指导书，使学生人手一册。实习指导书应包括：实习的目的和任务，调研对象、内容和方法，资料整理分析方法，调研报告的编写要求，时间安排，注意事项和参考文献等内容。

5. 指导教师在实习中起着重要指导作用，要进行充分的准备，认真备课，指导学生编写调研提纲，保证学生的实习质量。

6. 对学生的要求：

(1)在实习中，学生应按照学院实习计划的要求和规定，严肃认真，积极主动地完成实习任务，注意深入实际，记好实习笔记，按时完成实习思考题或作业，并结合自己的体会做好实习总结。

(2)实习生要遵守各项规章制度，严格组织纪律。

(3)学生实习期间要严格遵守作息时间，一般不准请假，因病或其他特殊情况必须请假者，应先交请假条，说明理由，并附有关证明。请假半天以内由指导教师批准，否则按旷课论处。

(4)学生实习期间，不经指导教师批准不得外宿。

(5)要爱护公共财物，损坏公物应照价赔偿。

(6)实习期间要站在处处维护学校的形象、事事展示新时期大学生风采的高度，互相帮助，共同努力，圆满完成实习任务。

2.3　实习安排与主要内容提要

2.3.1　实习安排

2.3.1.1　动员阶段

有专业负责人进行实习动员，明确实习性质和目的，明确实习要求和具体实习任务，拟订实习计划。

2.3.1.2　实习工作阶段

学生深入实习单位进行实践锻炼，参与实习单位的相关互动。

2.3.1.3　实习小结阶段

学生工作结束以后，回校进行实习经验交流。

2.3.2　实习内容

2.3.2.1　气象实习部分

1. 气象要素的观测与气象测量仪器的使用
(1)气温的观测
(2)气压的观测
(3)风的观测
(4)空气湿度的观测
(5)云的观测
2. 气象要素测量结果的分析
分析的主要内容包括：一是山地气候特点分析；二是海洋对气候的影响(如日温差、空气湿度、温度、海陆风等)。

2.3.2.2　水文实习部分

1. 湖泊河流水文观测
2. 地下水调查
3. 河流泥沙调研与检测

2.4　考核方式与办法

实习成绩实行五级记分制，即：优秀、良好、中等、及格和不及格五级。实习成绩根据学生的野外实习调查报告、课程专题调研报告或小论文和小设计等调研提纲、调研记录及调研资料的完整程度、调研报告等方面，由指导教师综合评定。建议调研提纲、调研记录及调研资料、调研报告三部分在成绩评定中所占权重分别为10%、30%和60%。

2.5　实习报告要求

将调研提纲、调研记录及调研资料、调研报告汇总成实习报告。实习名称、学生姓名、班别；实习日期、地点；实习报告内容。

2.5.1　气象、水文与水资源学实习主要内容及目标

(1)学习掌握潮位站、雨量站、水文站等工作内容、仪器使用、数据库及保存格式等。

(2)学习掌握两江(钦江、南流江)、两湖(灵东水库、星岛湖)、两河口(钦江、南流江)的差异性。

(3)不同类型的河口(钦江、南流江)动力、沉积、地貌过程特点,分析小尺度动力结构下河口特性。

(4)了解北部湾潮汐、波浪、河流等动力特征。

(5)了解北部湾地区水资源的大、小循环特点。

(6)了解河流—水库、河流—海洋相互作用下河口过程。

(7)了解剧烈人类活动干扰下的河流响应过程、河口响应过程。

(8)了解河流的三防工程及 GIS 的二次开发和应用。

2.5.2 本实习的重点

两江(钦江、南流江)、两湖(灵东水库、星岛湖)、两河口(钦江、南流江)的水文现象;

河流—水库、河流—海洋水资源交换与气候变化旬、月、年影像;

剧烈人类活动干扰下北部湾地区水文气候变化过程。

2.5.3 本实习难点

两江(钦江、南流江)、两湖(灵东水库、星岛湖)、两河口(钦江、南流江)的差异性;

河流—水库、河流—海洋相互作用下河口过程;

剧烈人类活动干扰下的河流响应过程、河口响应过程。

2.5.4 作业:校外课程见习的调研报告

思考题(气象水文野外实习调研报告自选题目)

2.5.4.1 要求

1. 4 人为一组,自由组合。

2. 调研报告作为"实践教学活动鉴定表"的主要成绩。

3. 调研报告在实习结束一周后上交,格式(题目,姓名,正文,主要参考文献);字数不少于3000字。

2.5.4.2 气象水文野外实习调研报告自选题目

1. 潮位站、雨量站、水文站等工作、仪器使用、数据库及共享、处理问题分析等。

2. 两江(钦江、南流江)、两湖(灵东水库、星岛湖)、两河口(钦江、南流江)

的差异性分析。

3. 不同类型的河口(钦江、南流江)动力、沉积、地貌过程特点分析。

4. 钦江流域表层沉积物粒度分析。

5. 南流江流域表层沉积物粒度分析。

6. 小尺度动力结构下河口特性分析。

7. 北部湾潮汐、波浪、河流等动力特征分析。

8. 北部湾地区水资源的大、小循环特点分析。

9. 河流—水库、河流—海洋相互作用下河口过程分析。

10. 了解剧烈人类活动干扰下的河流、河口响应过程分析。

11. 河流的三防工程及 GIS 的二次开发和应用。

12. 钦江流域水生态文明调研与分析。

13. 南流江流域水生态文明调研与分析。

14. "河长制"与流域综合治理的问题分析。

15. 钦州市生活污水处理问题分析。

16. 钦州市工业污水处理问题分析。

可以每年更新。

2.6 课程教学的基本要求

课程教学建议使用案例分析法进行教学，理论联系实际。

考试主要采用开卷方式，考试范围应涵盖所有讲授及自学的内容，考试内容应能客观反映出学生对本门课程主要概念的记忆、掌握程度，对有关理论的理解、掌握及综合运用能力。考试题型应尽量多样化。

总评成绩：课堂发言、表现占 30%，平时作业占 10%，考试占 60%。

2.7 建议教材及教学参考书

2.7.1 参考教材

[1]余新晓等：《水文与水资源学》，中国林业出版社 2016 年版。

[2]姜世中：《气象学与气候学》，中国气象出版社 2016 年版。

[3] 杨士弘：《自然地理学实验与实习》，科学出版社 2015 年版。

[4]谢尔登：《水文气候学》，刘元波主译，高等教育出版社 2010 年版。

[5]郭雪宝，沈恬：《水文学》，中国建筑工业出版社 2005 年版。

[6]黄锡荃，李惠明，金伯欣等：《水文学》，高等教育出版社 1985 年版。

［7］周淑贞：《气象学与气候学》，高等教育出版社 1997 年版。

2.7.2　其他参考资料

1. 有关学术会议资料、知网期刊资料、毕业论文。
2. 百度文库。
3. 见习单位友情提供。
4. 豆瓣、文库、杂烩。

第二部分　广西气候水文的总体概况

第3章　水文概况

3.1　广西的山系

主要分盆地边缘山脉和盆地内部山脉两类。边缘山脉桂北有凤凰山、九万大山、大苗山、大南山和天平山；桂东北有猫儿山、越城岭、海洋山、都庞岭和萌渚岭，其中猫儿山主峰海拔 2141 米，为南岭及广西的最高峰；桂东南有云开大山；桂南有大容山、六万大山和十万大山等；桂西多为岩溶山地；桂西北为云贵高原边缘山地，有金钟山、岑王老山等。内部山脉在东翼有东北—西南走向的驾桥岭和大瑶山，西翼有西北—东南走向的都阳山和大明山，两列山脉在镇龙山会合，构成完整的弧形。弧形山脉内缘，构成以柳州为中心的桂中盆地；弧形山脉外缘，构成沿右江、郁江和浔江分布的百色盆地、南宁盆地、郁江平原和浔江平原。

3.2　广西水系概况

广西河流众多，总长约 3.4 万公里；水域面积约 8026 平方公里，占陆地总面积的 3.4%。河流的总体特征是：山地型多，平原型少；流向大多与地质构造一致；水量丰富，季节性变化大；水流湍急，落差大；河岸高，河道多弯曲、多峡谷和险滩；河流含沙量少；岩溶地区地下伏流普遍发育。河流分属珠江、长江、红河、滨海四大流域的五大水系。属珠江流域的有西江、北江两水系，其中西江水系以红水河、柳江、黔江、郁江、浔江和桂江为主，流域面积占全自治区陆地面积的 85.2%；属长江流域的有洞庭湖水系，主要为湘江上游；属红河流域的有百都河，经越南流入北部湾；属滨海流域的是独流入海的桂南沿海诸河，流域面积占全自治区陆地面积的 10.7%。

3.2.1　海岸和岛屿

大陆海岸东起广东、广西交界的洗米河口，西至中越交界的北仑河口，全长1500 多公里。海岸类型为冲积平原海岸和台地海岸。海岸迂回曲折，多溺谷、港湾。海岸沿线形成防城港、钦州港、北海港、铁山港、珍珠港、龙门港、企沙港等天然良港。沿海有岛屿 697 个，总面积 66.9 平方公里。涠洲岛是广西沿海最大的岛屿，面积约 24.7 平方公里。

3.2.2　滩涂和浅海

广西沿海滩涂面积 1000 多平方公里，其中软质沙滩约占 90%；浅海面积 6000 多平方公里。海洋生态环境良好。

3.3　水资源总量

广西为全国水资源丰富的省区。水资源主要来源于河川径流和入境河流，河川径流包含地表水和地下水排泄量，河川径流与地下水补给量之间存在相互转化的关系。广西多年平均水资源总量为 1880 亿立方米，占全国水资源总量的 7.12%，居全国第 5 位。入境水量为 716.7 亿立方米。1996 年广西人均水资源量为 4138 立方米，每公顷为 7.2 立方米，水资源开发利用程度河川径流为 23%，地下水为 9.2%。

3.4　水资源的分布

广西全区流域集雨面积在 50 平方公里以上的河流共计 937 条，总面积为 2364275 平方公里，其中集雨面积在 1000 平方公里以上的河流有 69 条。主要河流分属珠江流域西江水系、长江流域洞庭湖水系、桂南直流入海域与百都河红河水系。

3.4.1　西江水系

西江流域主要河流有南盘江、红水河、黔浔江、郁江、柳江、桂江、贺江，西江流域总面积为 30.49 万平方公里，其中广西境内集水面积共计 20.24 万平方公里，占全流域集水面积的 85.7%，水资源总量约占广西水资源总量的 85.5%。南盘江为红水河主源，是珠江流域西江水系干流的源头。河长 936 公里，广西境内流域面积为 4162 平方公里，多年平均水资源总量为 19.43 亿立方米，产水模数每平方公里为 46.7 万立方米。

3.4.1.1　红水河

自蔗香起经广西乐业、天峨、南丹、来宾等县，至象州县石龙镇与柳江汇合。河长 659 公里，流域集水面积为 43790 平方公里，多年平均水资源总量为 324.99 亿立方米，流域产水模数每平方公里为 74.67 万立方米。

3.4.1.2　黔浔江

黔海、江自象州县石龙镇三江口，流经武宣、桂平至梧州与桂江日汇合，河长172 公里，河段集水面积为 21680 平方公里。产水模数每平方公里为 67.9 万立方米，多年平均水资源总量为 147.3 亿立方米。

3.4.1.3　郁江

郁江发源于云南广南县境内杨梅山，是西江流域的最大支流。流域集水面积为 90800 平方公里，（含越南境内面积），其中中国境内集水面积为 79207 平方公里，广西境内集水面积为 68125 平方公里。郁江流域水资源总量为 371 亿立方米，产水模数每平方公里为 54.46 万立方米。

3.4.1.4　柳江

柳江发源于贵州省独山县南部里纳九十九滩，上游称都柳江，是珠江流域西江水系第二大支流。河流跨越黔湘桂 3 省区，流域面积为 58270 平方公里，水资源总量为 373.92 亿立方米，河流入境水量为 87.4 亿立方米，产水模数每平方公里为 89.23 万立方米，是广西水资源较丰富的河流。桂贺江。桂江和贺江位于广西东部地区，流域集雨面积为 26927 平方公里，水资源总量为 274.7 亿立方米。其中，桂江为 182.7 亿立方米，贺江为 92 亿立方米。产水模数每平方公里为 102 万立方米，是广西水资源丰富的区域之一，且降水比其他区域来得早。

3.4.2　长江水系

湘江和夫夷水地处广西东北部，流入湖南省的洞庭湖，然后汇入长江。在广西集水面积为 8.283 平方公里，占广西面积的 3.5%，水资源总量为 93.06 亿立方米。

3.4.3　桂南沿海诸河

桂南沿海主要河流有南流江、大风江、钦汪、防城河、茅岭江和北仑河。其中最大的河流为南流江。其次为钦江、防城河，北仑河为国际河流。沿海诸河直流入北部湾海域共计集雨面积为 23230 平方公里，占广西土地总面积的 10.2%。多年平均水资源量为 273.6 亿立方米（含百都河和粤西河源）。该区现有水利条件较好，水资源开发利用率较高。但降雨时空分布很不均匀，一般年内集中在 5~9 月，约占全年降雨量 80% 左右，到冬春季节，一些小河流枯竭，致使沿海地区工业、生活供水紧张，发展经济建设受到制约。

3.5 水能资源

广西水能理论蕴藏量为 1752 万千瓦，占全国水力资源总量的 2.6%，居全国第 8 位，可开发装机容量达到 1744 万千瓦。水力资源主要分布在红水河、黔浔江、郁江、柳江和桂江的干流上，约占可开发利用的装机容量的 85.9%。其中红水河干流可开发装机容量为 1334 万千瓦，占可开发的水力资源的 71.3%。广西可开发大中型水力发电站的装机容量为 1511.9 万千瓦。

3.6 水资源利用的现状与展望

经过几十年的努力，广西已建成蓄水工程、引水工程、喷灌工程、江海堤围工程、水土保持、水力发电工程等门类比较齐全的各类型的水利设施 29 万多处，其中大中小型水库 4439 座，引水工程 136499 处，初步具备了有一定规模的防洪、灌溉、水土流失的治理，山区人畜用水等水资源综合利用的工程体系。据 1995 年统计有效灌溉面积为 147.21 万公顷，实际灌溉面积为 122.17 万公顷，实际供水量为 223.72 亿立方米，全区水资源开发利用率达 23% 左右。

展望未来，随着国民经济的发展和人民生活的提高，所需水资源的供给日益尖锐，江河水资源受到污染也日趋严重，因此，除了管好现在水资源工程，充分发挥其效益外，还需继续新修建一些水资源工程，既要防洪，减少灾害，又能解决供水用水。据水利部门预测，一般年份（频率 75%）广西总需水量为 414 亿立方米，总供水量为 414t 亿立方米；2010 年总需水量 595 亿立方米，总供水量 505 亿立方米。频率为 95% 时，2000 年广西总需水量为 458 亿立方米，总供水量为 387 亿立方米；2010 年总需水量 607 亿立方米，总供水量为 448 亿立方米。根据预测，供需矛盾突出，因此，必须增建一批多目标综合利用的大中型调节水资源工程，这是发挥广西水资源优势，也是广西经济发展的需要和开发利用水资源的目标所在。

3.7 广西水体种类学科调查（河流）

3.7.1 河流种类、河流分类的意义和原则

幅员广阔、河流众多的国家，不可能在短期内对其全部河流进行观测，但是，发展经济的规划、设计却迫切需要河流水位、流量变化和水温动态方面的数据。在某一地区内，影响河流特征的气候、土壤、地质地貌条件大致相同，故河流存在着

一定程度的相似性。在不同地区内，影响河流特征的各种条件差别很大，河流水文要素的变化规律当然不一样。因此，可以根据现有的河流水文资料进行综合分析，将其要素变化相似的河流，划归一个类型。当规划设计某一缺乏资料的河流时，就可用同类河流的水文变化规律作为参证。

3.7.1.1　河流分类的原则

①以河流的水源作为河流最重要的典型标志，按照气候条件对河流进行分类。
②根据径流的水源和最大径流发生季节来划分。
③根据径流年内分配的均匀程度来划分。
④根据径流的季节变化，按河流月平均流量过程线的动态来划分。
⑤根据河槽的稳定性来划分。
⑥根据河流及流域的气候、地貌、水源、水量、水情、河床变化等综合因素来划分。

3.7.1.2　河流的简易分类

①按年平均流量和枯水流量分类分为：季节性河流、小河流、中河流、大河流、特大河流。

季节性河流又称间歇性河流、时令河，河流在枯水季节，河水断流、河床裸露；丰水季节，形成水流，甚至洪水奔腾。这类河流通常流经高温干旱的区域，而且年平均流量较小，但因暴雨、融雪引发的洪峰却很大。季节性河流多分布于内陆沙漠或沙漠边缘，以及封闭的山间高原、盆地，一般情况下内流河大多为季节性河流。

按河段平水期平均流量来划分大中小河流，划分情况为：平水期的平均流量不小于 150 立方米/秒的为大河、15～150 立方米/秒的为中河、小于 15 立方米/秒的为小河。

②按河流归宿分类分为：外流河、内流河。

外流河：最后流入海洋的河流为外流河，所在的区域为外流区。外流河大多分布在东南部外流区内，受季风气候影响，河流水量大，河水主要来源于大气降水。

内流河：最终没有流入海洋的河流为内流河，所在的区域为内流区。内流河分布在西北内陆，水量较小，季节变化大，河水主要来源于山地降水和高山冰雪融化。

③按含沙量分类分为：少沙河流、多沙河流。
④按是否受人为因素干扰分类分为：天然河流、非天然河流。
⑤按流经区域分类分为：山区河流、平原河流。

山区河流：山区河流的水源是地势较高的山部的地下水或冰雪水和雨水，落差大水流急，水面窄，水深，水能丰富。

平原河流：平原地区的水源是地下水和季节性的雨水，水流缓，水面宽，水不深，多河漫滩。

河床形态的区别：山区河流河床比较陡峭和狭窄，平原河流河床比较宽阔。

水文特点的区别：山区河流水位和流量变化大，但持续时间短，河床多由基岩，鹅卵石组成；平原河流水位和流量变化小，持续时间长，河床多由细沙组成。

⑥按河水补给来源分类分为：雨水补给、地下水补给、季节性融雪补给、永久性冰川融雪补给。

3.7.2 河流成因

3.7.2.1 河流形成的原因

河流里的水是降雨、雪山融化的水和地下水共同组成的。刚开始，河流可能只是融化的雪水所形成的小河流，也可能使地面上涌出来的一股泉水，或是雨水所汇集的小溪。当水越聚越多，便开始向地势低的地方流动。此时，雪水融化的水不断流入小河中，而雨水也有一部分降落在河流里，另一些则渗入土壤里，形层地下水。有时，地下水会穿过岩石和土壤，慢慢渗入河流里。有时，湖泊中的水也会溢出湖泊形成小溪汇入河流中。因为不断有雨水、雪水、地下水及小溪流等汇入，逐渐形成大河，最后流入大海中。

3.7.2.2 主要有三种形式

①地球内力作用，导致地壳破裂，即地势上出现高低之分，水汇聚在低地有可能成为河流。

②外力作用，比如风蚀造成低地。

③充足的补给来源：如冰雪融水，大气降水，地下水等。出现的时间应该在生代的第三纪，因为这时候地球上造山运动频繁，出现的地球上各种高低地形地貌的差别，进而才出现的河流。

3.7.3 广西河流成因

广西的河流数量众多，主要形成原因有如下三种：

①广西处于温暖湿润的亚热带季风气候区，且位于迎风坡，水量丰富。

②广西北面、西面、西南都是山区的地形特点，让众多河流从周围山地发源，向广西汇流而来。

③另外，广西的植被保护较好，利于涵养水源，也是一个原因。

3.7.3.1　河流名称容量

广西壮族自治区内主要河流的基本情况见表 3-1。

表 3-1　　　　　　　　　广西壮族自治区内主要河流基本情况

河流名称	流域面积/万平方公里	年径流量/亿立方米	水力资源蕴藏量/万千瓦	流域面积占全区河流总面积的比例/%
红水河	6.81	306.33	690.00	16.30
郁江	3.86	270.09	355.86	28.80
西江	2.14	229.73	25.82	9.00
桂江	1.82	229.73	25.82	9.00
南流江	0.92	69.72	49.06	3.90
柳江	4.20	396.42	341.82	17.70
贺江	0.74	73.05	28.00	3.50

广西壮族自治区境内河流众多，主要分属珠江流域西江水系，长江流域湘、资江水系，桂南沿海诸河水系红河流域，百都河水系。其中以西江水系在广西境内分布最广，集雨面积占广西土地面积的 85.7%。西江干流基本上顺着地势从西北流向东南，横贯广西中部，大小支流分别从两侧汇入，形成以梧州为出口的树枝状水系。

3.7.3.2　西江水系

西江干流横贯广西壮族自治区中部，由红水河、黔江、浔江、西江等河段组成，其上源为南盘江，发源于云南省曲靖市马雄山。据广西水电厅编《广西地表水资源》(1985 年)统计，西江水系在广西境内流域面积 50 平方公里以上的河流有833 条，除 49 条流入贺江经广东封开注入西江外，其余 784 条均流入区内各干支流。这些河流在广西的集雨面积共达 202427 平方公里，占全区土地总面积的85.7%，是广西境内流域面积最大的水系。

梧州是西江梧州以上各河流的总控制站，它不仅控制了广西大部分地区的径流，还控制云南、贵州和越南部分的过境客水量。西江在梧州以上的总流域面积为329700 平方公里，平均径流深 640 毫米，多年平均年径流量 2240 亿立方米，最大年径流量 3470 亿立方米(1915 年)，最小年径流量 1130 亿立方米(1963 年)。广西全年出境和入海水量共 2504.5 亿立方米。西江水系经梧州出境的年径流量 2240 亿立方米，占广西径流总量的 81.4%。西江汛期为 4~9 月，汛期径流量占全年平均径流量的 80.3%。西江水系每年输沙量达 7230 万吨。

西江水系主要干支流有红水河、郁江、柳江、桂江、贺江等。

①红水河：主要支流有刁江、清水河、布柳河和灵岐河等。

②郁江：主要支流有左江、武鸣河、百东河、龙须河、澄碧河、乐里河、西洋江等。汇入南宁以下河段的有八尺江、镇龙江、武思江等。

③柳江：主要支流有洛清江、龙江、贝江、古宜河等。

④桂江：桂江干流的主要支流有恭城河、荔浦河、思勤江和富群江等。

⑤贺江：主要支流有大宁河、东安河和里松河等。

3.7.3.3　长江水系

长江水系分布于广西东北部，在广西境内流域面积 8283 平方公里，占广西总面积 3.5%，流域面积在 50 平方公里以上的河流有 30 条，占全区河流总数 3.0%，总径流量 93.1 亿立方米，占广西总径流量 5.0%，径流深 1124 毫米。汛期是 3 至 8 月。主要河流有湘江和资水(夫夷水)，均流经湖南注入洞庭湖汇入长江。

流经广西壮族自治区境内的长江水系有：

①湘江：广西境内的湘江支流主要有灌江、宜湘河、万乡河、漠川河、石塘河、建江、白沙河、咸水等。

②资水(夫夷水)：广西境内资水两侧支流众多，呈平行羽状分布，流程短，落差大，流域面积小，其中较大的有梅溪河和瓜里河。

3.7.3.4　独流入海水系

独流入海水系本水系指独自注入北部湾或南海的河流，主要分布于广西南部的钦州地区、北海市和玉林地区。独流入海水系流域总面积 24111 平方公里，占全区土地面积 10.2%。年径流深 1086 毫米，年径流量 262 亿立方米，占全区径流总量的 13.9% 流域面积在 50 平方公里以上的河流有 123 条，主要有南流江、钦江、防城河、北仑河、大风江、茅岭江、九洲江等。桂南独流入海的河流多呈平行状，河道较为短小，水量丰沛，汛期是 4~9 月，含沙量大。中上游水土流失较严重，旱、涝、洪、潮和风灾等自然灾害较频繁。

独流入海水系的主要河流有：南流江、钦江、茅岭江、防城河、北仑河、大风江。

3.7.3.5　百都河水系

百都河水系分布于百色地区那坡县境内，属越南红河水系支流松甘河的上源。在广西的流域面积 1415 平方公里，占全区总面积 0.6%。年径流深为 797.8 毫米，年径流量 11.6 亿立方米，占全区径流总量 0.6%。

百都河发源于我国云南省富县郎恒乡龙能山，干流流经那坡具百都乡、百省乡和百南乡。主要支流有，那考、下华、红泥、百合、北斗和德嵩等。干流从百都到百南称百南河，也叫那孟河。最后，在百南乡汇入越南松甘河，注入红河水系。

百都河河道最宽 50 米左右，河水最深 15 米，平均流量 17.7 立方米/秒。

3.7.4 保护措施

3.7.4.1 河流污染的原因

①自然河流的环境容量较小，水体质量差

由于流域降水量少，水土流失严重，拦水大坝上游水库等原因，造成河流径流量减少，导致几乎没有环境容量。此外，部分城镇工业废水和生活污水的超标超量排放，河流的主要河段已经失去了大部分的使用功能。其中，有机物排入河流会被好氧微生物分解，需要消耗大量的氧气。

②城市生活排放的化学需氧量（COD）总量增大

我国城市生活污水排放量比工业废水排放 COD 的量要高得多。虽然近年来城镇污水处理设施构建完成，但由于运行机制不健全，运行效果没有达到预期，而另一方面，因为支撑管网建设的滞后，导致污水处理厂无法正常运行和工作。

③严重水土流失加剧了水质的恶化

据统计，全国主要河流域均有不同程度的水土流失，北方最为严重，当然南方也存在水土流失的现象。由于土地利用不合理，特别是山坡地带的复垦与采矿、采石、挖沙等开发活动，造成森林植被和地形地貌的破坏，致使江河两岸不能形成有效森林保护体系，水土保持效果较差，加之水侵蚀、冰融等自然因素，大量的有机物随地表径流进入江河，造成河流水体水质恶化。

④农业面源污染问题没有得到解决

一般的江河流域下游集中分布着全国商品粮基地，大量耕地分布在江河两岸。由于化肥和农药施用量高而利用率低，造成部分未被作物吸收的化肥、农药随地表径流进入江河水体，造成水质污染。此外，畜禽养殖粪便得不到有效处理，尤其在农村随意堆放或倾倒现象普遍，粪便淋溶液会随地表径流、壤中流等进入河流，影响河流水质，目前，农业非点源污染负荷逐渐增加，污染趋势越来越重，据统计，水污染负荷 50% 以上来自农业面源污染。

⑤生活垃圾污染严重

据统计，平均每个城市年生产约 74.5 万吨垃圾，目前很多城市仍然采取露天堆放和简单掩埋的方式。这种垃圾处理方式将会严重污染环境，垃圾堆渗出的渗滤液对浅层地下水和地表水造成严重的污染，威胁流域内的饮用水安全。

⑥工业污染仍然严重

目前，我国产业结构仍不合理，高水耗和高污染行业很多，结构性工业污染突出。一些企业设备陈旧，技术落后，耗水、耗能量大，资源使用率低，而且由于缺乏资金，产生的废水也很难得到有效处理。这些企业不仅需要消耗大量的水资源，而工业废渣和工业废水不经处理排放，会造成河流水体的严重污染。

3.7.4.2　广西河流污染现状

①广西主要河流水质总体良好，部分支流污染严重

根据广西环保部门对广西境内的 25 条主要河流的 60 个断面水质例行监测的结果表明，广西主要河流水质总体上保持良好，大部分河段可以满足水环境功能区目标要求，枯水期、丰水期水质达到或优于《地表水环境质量标准》(GB3838-2002) Ⅲ类标准要求的断面总数的 90%、88.3% 和 94.8%。各主要河流的水期水质污染程度从高到低依次为枯水期、丰水期、平水期。综合污染比较严重的河流，枯水期为钦江、邕江、龙江，丰水期为郁江、北流江、邕江、北仑河，平水期为北仑河、钦江、郁江。

部分支流污染仍然比较严重。有的小支流径流量较小，工业相对集中，河流污径比较大，产生了一些局部较为严重的污染，带来了局部的水环境问题。如邕江及上游的左、右江是广西污染最为严重的江段之一，曾多次发生污染事故，以 COD 和氨氮为主要污染因子，引起大量死鱼，对沿岸群众用水造成很大影响，也影响广西首府——南宁的饮用水安全。

②广西河流主要污染事件

2013 年广西贺江水体污染事件：

作为西江主要支流之一的贺江于 2013 年 7 月 6 日爆出水污染事件，引发下游广东省用水担忧。7 日，广西贺州市通报，贺江污染属可控范围，已基本锁定污染源。贺州市副市长闭海东介绍，当地政府已将马尾河一带的 112 家采矿企业关停并进行取样，"这 112 家矿企可以说都是非法采矿，政府早前已多次整治，但屡禁不止"。

此次贺江被污染河段有 110 公里长，从上游的贺江马尾河段到与封开县交界处，污染最严重的发生在贺州境内靠近封开县的合面狮江段合面狮水库，水体都受到镉、铊污染，不同断面监测到的超标范围不等。截至 6 日晚监测数据显示，镉浓度最高超标 5.6 倍，位于合面狮水库大坝前后。

2012 年广西龙江镉污染事件：

2012 年 1 月 15 日，广西河池市辖区内的宜州市的龙江河拉浪水电站内群众用网箱养的鱼，突然出现不少死鱼，引发当地群众议论和反映。

宜州市环保部门经过调查发现，死鱼是由于龙江河宜州拉浪段镉浓度严重超标

引起，龙江水体已遭受严重镉污染。

19 日，河池市发布通告称，经当地政府协调，上游电站加大下泄量，以有效稀释被污染的水体。当地政府正加强排查监测工作，重点监测企业的原料购进情况和废水废渣镉、砷含量变化情况，以尽快找到污染源。

据有关专家介绍，镉是重金属中的一种，虽然它的毒性比砷、铬等其他重金属小许多，但饮用镉超标的水依旧会对人的肾脏带来影响。

龙江是属于珠江上游水系的一条河流，主要流经广西河池地区，在柳州市的柳城附近与融江交汇，汇成柳江后流经广西重要工业城市柳州。如果龙江的水体大面积污染，将对下游的柳州等诸多城市的用水安全造成影响。

3.7.4.3　治理对策和保护措施

①河流污染治理对策

走可持续发展的道路：事实证明，牺牲环境换取发展成本不可行，我们应该创造一些紧迫感，在全社会保护水资源，走可持续发展道路。在河流水资源开发和发展重点的前提下，确定的关键领域环境保护的发展，优化资源配置，提高该地区的资源和环境的承载能力。尤其针对水环境污染，坚决关闭污染严重的小企业，加大污染治理力度，逐步改善河流水体质量。

全面实施总量控制：总量控制可以有效控制污染物排放，并将污染物排放量落实到企业不断有效提升了环境管理效率，而且还优化空间水环境容量的分配，避免了区域水环境质量的恶化。

提升水利用效率：要把节约用水和保护水资源落实到工作中，我国大部分地区农业灌溉水利用系数低，国内消费的工业水利用率也较低。

尽快实现从污染后治理向污染源控制转变：大力推进清洁生产企业的规划和建设，企业的规划期间要进行环境影响评估，落实好前期的环境监管，如果超出了河流的污染物排放标准要坚决取消项目规划。一些煤炭、钢铁、水泥、玻璃、炼油、造纸、发电和技术落后等行业，不但浪费资源，而且企业对环境的污染更严重，要继续加快产业结构调整，加大力度进行产业转型和技术升级，逐步淘汰落后产能。

②河流保护措施

河流保护措施可以分四方面来陈述：

第一，流域内植被保护；

第二，上游地区植被保护，中下游地区一方面加强植被保护，另一方面修缮河道，清除河沙淤积，截弯取直等改善河道；

第三，流域内，加强环境保护，加强工业污水和生活污水的治理；

第四，退耕还湖还河，保护流域内天然水库和湖泊的滞洪作用。

3.8　水库

3.8.1　水库的种类

根据水库所在地区的地貌、库床及水面可将水库分为四类：

3.8.1.1　平原湖泊型水库

在平原、高原台地或低洼区修建的水库。形状与生态环境都类似于浅水湖泊。

形态特征水面开阔，岸线较平直，库湾少，底部平坦，岸线斜缓，水深一般在10米以内，通常无温跃层。渔业性能优良。如山东省的峡山水库、河南省的宿鸭湖水库。

3.8.1.2　山谷河流水库

建造在山谷河流间的水库。

形态特征库岸陡峭，水面呈狭长形，水体较深但不同部位差异极大，一般水深20~30米，最大水深可达30~90米，上下游落差大，夏季常出现温跃层。如重庆市的长寿湖水库、浙江省的新安江水库等。

3.8.1.3　丘陵湖泊型水库

在丘陵地区河流上建造的水库。

形态特征介于以上两种水库之间，库岸线较复杂，水面分支很多，库弯多。库床较复杂，渔业性能良好。如浙江省的青山水库、陕西省的南沙河水库等。

3.8.1.4　山塘型水库

在小溪或洼地上建造的微型水库，主要用于农田灌溉，水位变动很大。江苏省溧阳市山区塘马水库、宋前水库、句容的白马水库、安徽广德县和郎溪县这种类型的水库较多，用于灌溉农田。

3.8.2　水库的成因

1. 为附近的地区提供自来水及灌溉用水；
2. 利用水坝上的水力发电机来产生电力；
3. 运河系统的一部分；
4. 水库的防洪效益；
5. 对库区和下游进行径流调节；

6. 涵养水源调节周边小气候；

7. 旅游业及渔业的发展。

3.8.3　水库名称种类

百色水库、西津水库、澄碧河水库、小江水库、大化水库、那板水库、左江水库、洪潮江水库、大王滩水库、青狮潭水库、龟石水库、大埔水库、凤亭河水库、浮石水库、达开水库、六陈水库、客兰水库、合面狮水库、屯六水库、爽岛水库、灵东水库、麻石水库、大龙洞水库、旺盛江水库、洛东水库、武思江水库、老虎头水库、仙湖水库、平龙水库、昭平水库、拉浪水库、五里峡水库、峻山水库、小峰水库。

3.8.3.1　澄碧河水库简介

澄碧河水库位于百色市城北七公里的右江支流澄碧河上。最大坝高 70.4 米，坝顶高程 190.4 米，正常蓄水位 185.0 米，死水位 167.0 米，总库容 11.3 亿立方米，有效库容 5.7 亿立方米，属多年调节大型水库。水库于 1958 年 9 月动工兴建，1961 年基本建成。水库以发电为主，结合城市供水。主要建筑物有：土坝一座、溢洪道一座以及坝后式电站一座，装机容量 4 台共 2.6 万千瓦。主坝是粘土心墙和混凝土心墙两者结合的土坝。1961 年初曾出现过 72 条裂缝，后以挖槽回填和粘土灌浆处理。由于坝体 174 米高程以上采用了大量的砾石土来填筑，砾石含量平均达 50%，坝外坡渗水严重，为了增强坝体的防渗能力，自 1962 年 8 月起进行了坝体灌浆，但效果欠佳，后又在 1974 年完成了砼防渗心墙的施工。砼心墙防渗效果显著，不过由于在施工时为了预防冲击钻震动发电管及灌溉管，在此两管的周围留了个缺口，即无砼心墙，加上 54#槽孔在施工时出现了质量事故，故此三处坝段是防渗薄弱之处，1992 年至 1993 年进行了灌浆处理，经 1993 年、1994 年高水位长时间的考验，原在 174 平台的两端渗水点 A 点及 B 点的渗漏全部停渗，说明经近年来的加固施工，其效果是显著的。

澄碧河水库的水位过程图、入库流量过程图、出库流量过程图如图 3-1、3-2、3-3、3-4。

3.8.3.2　大龙洞水库简介

大龙洞水库位于上林县西燕乡，红水河支流清水江上游，是一座利用天然岩溶洼地并堵塞几个落水洞和一些岩洞裂隙而形成的以灌溉为主结合发电的大型水利工程。1958 年 1 月动工，同年 4 年建成。水库集雨面积 310 平方公里（另上游有 91 平方公里集雨面积的东敢水库泄洪注入）；总库容 1.51 亿立方米，有效库容 1.086 亿立方米。设计灌溉面积 21.43 万亩，有效灌溉面积 15.01 万亩。坝后电站装机 4×500 千瓦，年发电量 694 万千瓦/小时。水库坝首施工经过四次较大规模的堵塞、

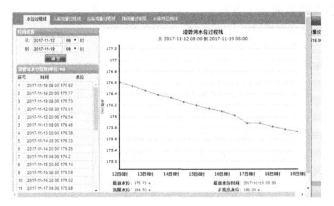

图 3-1　水位过程图

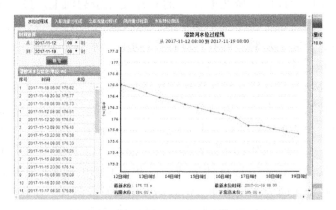

图 3-2　水位过程图

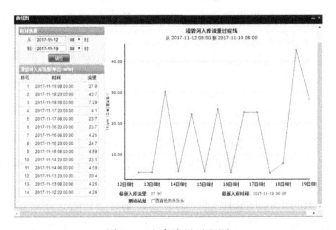

图 3-3　入库流量过程图

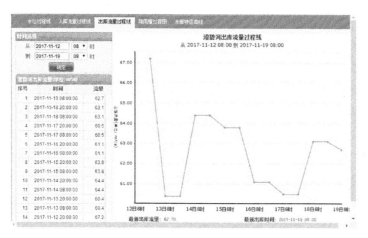

图 3-4　出库流量过程图

加高才形成现在坝顶高程 184.24 米。第一次是 1957~1958 年填筑到 177.24 米，相应库容 5700 万立方米；第二次是 1959~1960 年翻修，用浆砌石堵洞和砌截水墙，坝顶加高到 182.0 米高程；第三次是 1966 年采用浆砌石堵洞和铺盖坝面；第四次于 1972 年又对崩塌漏水较严重的 1#~3# 和 11#~13# 洞进行彻底清基，用浆砌石砌成再浇砼防渗。1974 年至 1980 年又多次进行维修加固，才达到现在的坝高 25 米，坝顶高程 184.24 米。但是坝首漏水还很大。水库按照 50 年一遇洪水设计，洪水位 186.24 米，200 年一遇洪水校核，洪水位 187.24 米，未达到部颁标准。

　　大龙洞水库的水位过程图如图 3-5 所示。

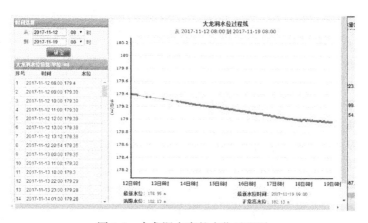

图 3-5　大龙洞水库的水位过程图

3.8.3.3　小峰水库简介

小峰水库属于大（2）型水库，位于防城区那勤乡桂坝村，所在河流是防城江支流电六江。水库于1978年10月动工，1990年10月竣工，按中型工程管理。水库总库容为10850万立方米，调洪库容为2710万立方米，有效库容为7820万立方米，死库容为320万立方米。水库正常水位高程182.0米，校核洪水位186.15米，设计洪水位183.70米。水库有主坝一座，坝顶长度287米，坝高42.5米。副坝3座，总长度360米，最大坝高16.25米，最大坝长170米。输水洞一座，长度263.8米，内径2米，进口底高程155.5米，最大泄量15立方米/秒。溢洪道一座，型式为卷扬钢弧形闸门低坝实用堰，堰顶高程176.00米，堰顶净宽18米，最大泄量1151立方米/秒，消能形式为底流消能。水库主要效益是补充下游长岐水利灌区8.78万亩水田和规划建设白沙等垦区10万亩蔗场春早期间的用水，同时兼发电。水库建有发电站两座，其中小峰电站装机两台1600千瓦，年发电量544万千瓦时；江口电站装机三台3750千瓦，年发电量1572万千瓦时。水库库区地界防城区政府以《防区政发〔1998〕32号文》划定。库区有大小洲岛21座，面积120亩，适宜种植水果及经济作物。水库有可养鱼水面面积7050亩。

3.8.3.4　达开水库简介

达开水库位于贵港、桂平及武宣三市县境内，所在流域为黔江右岸支流马来河。主坝位于武宣县的雅拨屯，水库集雨面积426.8平方公里，多平年均径流量3.523亿立方米，设计灌溉面积52.20万亩。

达开水库于1958年9月动工兴建，于1965年8月竣工。现有主坝一座，副坝九座，排洪道一座。有4公里长的压力输水隧洞，隧洞出口有2台共4800千瓦的水电站。二副坝设有放空管，其最大泄洪量为120立方米/秒，主坝、六副坝设有位移测桩，主坝、二副坝、六副坝设有渗润线观测管。

达开水库于90年以后进行除险加固，开通了直达坝首的进库公路，新增了一孔泄洪闸，使达开水库达到了设计500年一遇，校核2000年一遇的洪水标准。水库现设有水文监测系统，有6个遥测雨量站，3个遥测水位站及2个遥测水文站。坝首与外界的联系可通过对讲机或程控电站。

达开水库主要存在的问题有：主坝外坡上部单薄，右岸约50米有泉水，渗水量0.75公升/秒；溢洪道陡坡有三条明显横向裂缝，缝宽0.5毫米；进库公路路面毁坏较重，车辆雨天无法进库。

达开水库100米，水位相应库面面积为3.75万亩。

3.8.4 水库保护措施

3.8.4.1 依法查处各类危害水库大坝安全的违法违规行为

水库大坝是水库工程的第一防线，也是屏障所在，直接关系广大人民群众的生命财产安全。各级水利部门要严格按照国家法律法规，加强对水库大坝的安全管理工作，对从事爆破、打井、采石、采矿、挖砂、取土、修坟、堆放杂物等严重危害大坝安全的行为进行依法查处。

3.8.4.2 坚决制止非法侵占水库库容和占压水库枢纽工程的行为

对向水库内倾倒矿渣等垃圾、擅自围库造地、以房地产与旅游开发、修路等名义侵占水库库容或占压水库工程与管理设施的，各级水利部门要采取有力措施坚决予以制止，已造成危害的要坚决予以纠正，并视情节轻重追究相关人员的责任。

3.8.4.3 严格依法管理水库管理和保护范围内建设项目

按照法律法规，对在水库管理和保护范围内修建码头、鱼塘或旅游观光等亲水建设项目及其他影响水库防洪的工程设施，其建设方案需经大坝主管部门批准后方可实施。大、中型水库需新建或改建引、提水工程的，应按水库改、扩建程序报批。各级水利部门要严格按照有关规定，加强对水库大坝管理范围内的建设项目管理，依法审查建设方案，按规定征收水工程占用补偿费，并做好监管工作，杜绝行政不作为。

3.8.4.4 严格规范水库库区清淤管理

1. 方案编制审批和监督管理

对于多年运行造成库区淤积严重、影响到水库兴利蓄水和调度运用，确需实施清淤处理的水库，应由水库主管部门指导水库管理单位组织制定水库清淤规划，并委托有资质的设计单位编制清淤方案和水库安全影响评价报告，大型水库由省水行政主管部门负责审批，中型水库由市水行政主管部门负责审批，并报省水行政主管部门备案；小型水库由县水行政主管部门负责审批，并报市水行政主管部门备案。清淤方案一经批准，各地要严格执行并加强具体实施监管，确保清淤工作按计划完成。

2. 方案编制资质管理

大型水库清淤方案与水库安全影响评价报告的编制，需由具备水利水电工程勘测设计甲级资质的单位承担；中、小型水库的清淤方案与水库安全影响评价报告的编制，需由具备水利水电工程勘测设计乙级或以上资质的单位承担。

3. 方案编制内容

水库清淤方案与水库安全影响评价报告应就清淤的范围、深度、清淤量、清淤作业方式、清淤时间等做出明确规定，并分析计算对水库枢纽建筑物安全及水库防洪调蓄能力的影响。报告中应附有相应的库区实测地形图及地质勘察资料。

第4章 气 候 概 况

广西地处低纬，北回归线横贯中部，南濒热带海洋，北接南岭山地，西延云贵高原，属云贵高原向东南沿海丘陵过渡地带，具有周高中低、形似盆地、山地多、平原少的地形特点。广西地处中、南亚热带季风气候区，在太阳辐射、大气环流和地理环境的共同作用下，形成了气候温暖、热量丰富、降水丰沛、干湿分明、日照适中、冬少夏多、灾害频繁、旱涝突出、沿海山地风能资源丰富的气候特点。

4.1 气候温暖热量丰富

广西气候温暖，热量丰富，各地年平均气温在16.5℃～23.1℃之间。等温线基本上呈纬向分布，气温由南向北递减，由河谷平原向丘陵山区递减。全区约65%的地区年平均气温在20.0℃以上，其中右江河谷、左江河谷、沿海地区在22.0℃以上，涠洲岛高达23.1℃。桂林市东北部以及海拔较高的乐业、南丹、金秀年平均气温低于18.0℃，其中乐业、资源只有16.5℃。

广西各地极端最高气温为33.7℃～42.5℃。其中，沿海地区、百色市南部山区及金秀、南丹、凤山、乐业等在33.7℃～37.8℃之间，其余地区38.0℃～42.5℃，百色为全区最高。

广西各地极端低气温为-8.4℃～2.9℃，桂北山区-8.4℃～-4.0℃，资源为全区最低；北海市、防城港市南部及博白、都安极端低气温在0℃以上，其余各地在-3.9℃～-0.2℃之间。

日平均气温≥10℃的积温（简称≥10℃积温）表示喜温作物生长期可利用的热量资源。广西各地≥10℃积温在5000℃～8300℃之间，是全国积温最高的省区之一，具有自北向南，由丘陵山区向河谷平原递增的特点。如此丰富多样的热量资源，为各地因地制宜发展多熟制和多种多样的经济作物提供了有利的气候条件。

4.2 降水丰沛干湿分明

广西是全国降水量最丰富的省区之一，各地年降水量为1080～2760毫米，大部分地区在1300～2000毫米之间。其地理分布具有东部多，西部少；丘陵山区多，河谷平原少；夏季迎风坡多，背风坡少等特点。广西有三个多雨区：(1)十万大山南侧的东兴至钦州一带，年降水量达 2100～2760 毫米；(2)大瑶山东侧以昭平为中心的金秀、蒙山一带，年降水量达 1700～2000 毫米；(3)越城岭至元宝山东南侧以永福为中心的兴安、灵川、桂林、临桂、融安等地，年降水量达 1800～2000 毫米。另有三个少雨区：(1)以田阳为中心的右江河谷及其上游的田林、隆林、西林一带，年降水量仅有 1080～1200 毫米；(2)以宁明为中心的明江河谷和左江河谷至邕宁一带，年降水量为 1200～1300 毫米；(3)以武宣为中心的黔江河谷，年降水量 1200～1300 毫米。

由于受冬夏季风交替影响，广西降水量季节分配不均，干湿季分明。4～9 月为雨季，总降水量占全年降水量的 70%～85%，强降水天气过程较频繁，容易发生洪涝灾害；10 月到第二年 3 月是干季，总降水量仅占全年降水量的 15%～30%，干旱少雨，易引发森林火灾。

4.3 日照适中冬少夏多

广西各地年日照时数为 1169～2219 小时，比湘、黔、川等省偏多，比云南大部地区偏少，与广东相当。其地域分布特点是：南部多，北部少；河谷平原多，丘陵山区少。北海市及田阳、上思在 1800 小时以上，以涠洲岛最多，全年达 2219 小时。河池、桂林、柳州三市大部及金秀、乐业、凌云、那坡、马山等地不足 1500 小时，金秀全年日照时数最少，只有 1169 小时。其余地区为 1500～1800 小时。

广西日照时数的季节变化特点是夏季最多，冬季最少；除百色市北部山区春季多于秋季外，其余地区秋季多于春季。夏季各地日照时数为 355～698 小时，占全年日照时数的 31%～32%；冬季各地日照时数只有 186～380 小时，仅占全年日照时数的 14%～17%。

4.4 灾害频繁旱涝突出

广西气象灾害相当频繁，经常受到干旱、洪涝、低温冷害、霜冻、大风、冰雹、雷暴和热带气旋的危害，其中以旱涝最突出。

按干旱发生的季节划分，广西有春旱、夏旱、秋旱和冬旱。危害广西的旱灾主要是春旱和秋旱。干旱发生频率的地域差异较大，春旱以桂西地区居多，而秋旱多出现在桂东地区。全广西大范围的春旱大约 4～5 年一遇，但百色、崇左两市、防城港市北部、北海和南宁两市南部、河池市西部等地发生春旱的频率达 70%～90%。全广西大范围的秋旱大约 2～3 年一遇，但桂东北大部、桂中盆地及其邻近地区等地发生秋旱的频率达 70%～90%。

广西暴雨洪涝灾害频繁。每当汛期，强降水天气常造成山洪暴发、河水上涨、冲毁、淹没农作物、道路、街道、房屋，冲毁水库、桥梁、电站等设施，引发山体滑波、泥石流等地质灾害。广西洪涝发生频率大的地区有两类：一是降水量多、暴雨多的地区，例如柳州市北部、桂林市中部、沿海地区和玉林市南部，以及马山、都安、凌云等地；二是广西大、中河流沿岸各市、县，特别是地处江河中、下游及交叉口海拔较低的河谷平原地带，例如柳州盆地，郁江、浔江、西江沿岸等地。

4.5　沿海山地风能资源丰富

广西地处季风气候区，冬季盛行偏北风，夏季盛行偏南风。广西风能资源丰富区主要集中于沿海地区和海拔较高的开阔山地。其中北部湾沿海一带离海岸 2 公里以内的近海区域和岛屿以及大容山等山体相对孤立的中、高山区，年平均风功率密度超过 200 瓦/平方米，年平均风速在 5.5 米/秒以上，年有效风速时数在 5500 小时以上，风能资源十分丰富，具有很高的开发价值。此外，桂北的湘桂走廊冬季风能也具有开发利用的潜力。

4.5.1　水力资源

广西河流众多，水力资源丰富。地表河流总长 3.4 万公里，常年径流量约 1880 亿立方米，占全国地表水总量的 6.4%，居各省、自治区、直辖市第四位。水能资源理论蕴藏量 2133 万千瓦，可开发利用 1751 万千瓦。红水河水能资源丰富，被誉为中国水电资源的"富矿"。

4.5.2　海洋资源

广西南临北部湾，海岸线曲折，溺谷多且面积广阔，形成众多天然良港。基岩海岸和沙砾质线较长，优质沙滩多，旅游开发前景好。海洋水产资源丰富，有主要经济鱼类 50 多种、虾蟹类 10 多种，是中国著名渔场、南珠产地。海洋油气资源储量大。潮汐能理论蕴藏量高达 140 亿千瓦。沿海红树林面积 7200 多公顷，居全国第二位。

4.5.3　生态环境

2007 年广西环境质量总体保持良好。78.6%的城市环境空气质量达到国家标准，城市声环境质量基本稳定，主要河流环境功能区水质达标率 91.9%，近岸海域水质污染有所加重，生态环境质量保持稳定；污染物排放总量居高不下，工业污染未能根本解决，部分城市二氧化硫和二氧化氮污染物浓度有所上升。

4.5.3.1 大气环境

各城市环境空气质量普遍改善。在 14 个地级市中，有 11 个达到国家二级标准，其中北海市达到一级标准；柳州、玉林、贺州 3 市为三级，未达标。空气污染物主要是二氧化硫、二氧化氮和可吸入颗粒物，污染物分担率分别为二氧化硫 45%、可吸入颗粒物 37.2%、二氧化氮 17.8%。南宁、柳州、桂林、梧州、玉林、百色、河池、来宾等 8 市空气主要污染物为二氧化硫，防城港、钦州、崇左、贵港、贺州等 5 市为可吸入颗粒物。城市环境空气综合污染指数均值低于上年，综合污染指数最高的为河池市(2.56)，最低的是北海市(0.63)。城市酸雨污染程度与上年持平。降水酸度 PH 年均值小于 5.6 的有南宁、柳州、桂林、梧州、防城港、贵港、百色、河池、来宾等 9 市，大于 5.6 的有北海、钦州、玉林、贺州、崇左等 5 市。梧州、防城港、河池、来宾 4 市的酸雨频率大于 50%。

4.5.3.2 地表水环境

32 条主要河流 62 个断面监测结果显示：水环境功能目标达标率 95.2%，水质达标率 91.9%，整体水质好于上年。珠江流域广西境内河流监测断面水质达标率 93.9%。其中，柳江支流、桂江支流、贺江支流、长江水系水质状况为优；西江干流除刁江那浪桥断面为 V 类外，其余断面水质状况总体为优；郁江支流水质状况为良好。独流入海河流中，南流江、武利江水质为优，九洲江文车桥断面和防城江三滩断面水质为良好，北仑河东兴旧纸厂断面及钦江青年水闸断面、横丰断面水质状况为轻度污染。在 14 个地级市中，断面水质达标率 100% 的有柳州、桂林、梧州、北海、贵港、玉林、贺州、来宾、崇左等 9 市，南宁、河池两市断面水质达标率 80%~90%。境内跨国交界河流水质状况除北仑河东兴旧纸厂断面为轻度污染外，其余均为良好以上；8 条主要跨省河流水环境功能均达到相应目标要求，水质均在良好以上；自治区内城市行政区交接断面水环境功能均达到相应目标要求，且水质均在良好以上。海域环境功能区达标率高于上年，但局部海域(主要是市政排污海域和海水养殖海域)污染有所加重。一、二类水质站位数与上年持平，二类水质站位增加，劣四类水质站位大幅减少。

4.5.3.3 森林植保

广西森林面积 1252.5 万公顷，森林覆盖率 52.7%，林木蓄积年均总生长量 4802.03 万立方米。全年完成荒山荒地造林 13.52 万公顷，其中退耕还林 5.4 万公顷，沿海防护林 1271 公顷，珠江防护林 3181 公顷。森林有害生物发生面积 34.52 万公顷，比上年减少 6.3%。

4.5.3.4　生物多样性

广西有维管束植物 288 科, 1717 属, 8354 种, 占全国已知种类的 26.6%, 仅次于云南省和四川省, 居全国第三位。植物中有国家一级保护野生植物 18 种(类)、二级保护植物 61 种(类)。有陆栖野生脊椎动物 946 种, 其中重点保护野生脊椎动物 147 种。已知海洋生物 1766 种, 其中海洋鱼类 400 多种。有定名的昆虫种类 5901 种(含亚种), 占全国的 17.4%。

第三部分　基本原理和基础知识

第 5 章　水文学基础

5.1　水文学基础知识

5.1.1　水文学概念

水文是水利、水电及一切与水资源有关的国民经济和社会发展所必需的前期工作的基础，是水利建设的尖兵、防汛抗旱的前提、水资源管理与保护的哨兵、资源水利的基石，是一项必须适当超前发展的社会公益性事业。水文学是研究水存在于地球上的大气层中和地球表面以及地壳内的各种现象的发生和发展规律及其内在联系的学科，包括水体的形成、循环和分布，水体的化学成分，生物、物理性质以及它们对环境的效应等。

水文学：广义地说就是研究地球与水的科学，包括它的性质、现象和分布，其核心是水循环。

水文学，广义地按地球圈层情况可分为水文气象学、地表水文学和地下水文学三种。按地球表面分布情况，又可分为海洋水文学和陆地水文学。

陆地水文学：主要研究存在于大陆表面上的各种水体及其水文现象的形成过程与运动变化规律。按研究水体的不同又可分为：①河川水文学；②湖泊(包括水库)水文学；③沼泽水文学；④冰川水文学；⑤河口水文学。

5.1.2　水文循环

水文循环：地球上或某一区域内，在太阳辐射和重力作用下，水分通过蒸发、水汽输送、降水、入渗、径流等过程不断变化、迁移的现象。

大循环：从海洋蒸发的水汽，被气流带到大陆上空，遇冷凝结而形成降水，降水至地面后，一部分蒸发直接返回空中，其余都经地面和地下注入海洋，这种海陆间的水分交换过程称大循环或外循环。

小循环：陆地上的水经蒸发、凝结作用又降落到陆地上，或海洋面上蒸发的水汽在空中凝结后，又以降水形式降落在海洋中，这种局部的水文循环称小循环或内循环。前者又可称内陆小循环，后者称海洋小循环。由陆面蒸发而引起的内陆小循环，对内陆地区的降水有重要作用。因内陆地区距离海洋很远，从海洋直接输送到内陆的水汽不多，需要通过内陆局部地区的水文循环运动，使水汽不断地向内陆输送，这是内陆地区的主要水汽来源。由于水在向内陆输送过程中，沿途会逐步损耗，故内陆距离海洋越远，输送的水汽量越少，降水越小，沿海地区一般雨量充沛，而内陆地区则雨量稀少，气候干燥，就是这个原因。

5.1.3　水文现象的基本特点

（1）时程变化上的周期性与随机性

①周期性

由于地球的自转和公转，昼夜、四季、海陆分布，以及一定的大气环境，季区区域等，使水文现象在时程变化上形成一定的周期性。

②随机性

因为影响水文现象的因素众多，各因素本身在时间上不断地发生变化，所以受其控制的水文现象也处于不断变化之中，它们在时程上和数量上的变化过程，伴随周期性出现的同时，也存在着不重复性的特点，这就是所谓随机性。

（2）地区上的相似性与特殊性

①相似性

有些流域所处的地理位置(纬度或离海洋远近等)相似，气候与地理条件相似，因而所产生的水文现象在一定程度上有相似性，即具有所谓地带性。

②特殊性

不同流域虽所处的地理位置、气候条件相似，但由于下垫面条件差异，而产生不同的水文变化规律。

5.1.4　水量平衡

研究水量平衡是对水文循环建立定量的概念，了解组成水文循环各要素——降水、下渗、蒸发和径流等作用；解决一个地区或流域的产水量和径流的出流过程；根据水量平衡由某些已知水文要素推求介定的水文要素(如已知降水、径流推求损失量)。水量平衡原理被广泛地应用于水文预报、水文水利计算，同时还可以用来对水文测验、资料整编、预报和计算的成果进行合理性检查分析并评价成果精度。

闭合流域在某一给定时段内的水量平衡方程式为：

$$P = E + R + \Delta W$$

闭合流域的多年平均水量平衡方程式为：

$$P = R + E$$

5.2　水文信息采集

水文信息采集又称水文测验,指系统地收集和整理水文资料的技术工作的统称。狭义的水文信息采集指水文要素的观测,水文信息采集是水文学的基础。水文信息工作分信息采集和信息传输两部分内容,其中水文信息采集由各类技术成熟的传感器完成。

5.2.1　水文信息采集的主要内容

(1)水文站网的规划、布设和调整,水文站网的规划指拟定和选择水文测站合理布局的方案。

(2)水文测验方法的研究和技术标准的制订(测验时制、度量单位、精度要求、计算方法和工作程序等),使得到的各项资料能在同一基础上进行比较和分析。

(3)水文测站上的观测:按设站要求分别在站上进行水位观测,流量测验,泥沙测验,水质、水温、冰情、降水量、蒸发量、土壤含水量和地下水位等观测。

(4)巡回测验和水文调查。

(5)水文资料整编:按照统一的方法和格式,对测得的资料进行整理,汇编成为系统的成果。

5.2.2　水文信息采集的基本途径

(1)驻测:在河流或流域内的固定点上对水文要素所进行的观测称驻测。这是我国收集水文信息的最基本方式,但存在着用人多、站点不足、效益低等缺点。

(2)巡测:观测人员以巡回流动的方式定期或不定期地对一地区或流域内各观测点进行流量等水文要素的观测。

(3)间测:中小河流水文站有 10 年以上资料分析证明其历年水位流量关系稳定,或其变化在允许误差范围内,对其中一要素(如流量)停测一段时期再施测的测停相间的测验方式。

(4)水文调查:为弥补水文基本站网定位观测的不足或其他特定目的,采用勘测、调查、考证等手段进行了水文信息采集的工作。

5.2.3　水文信息采集水文测站

在流域内二定地点(或断而)按统一标准对所需要的水文要素作系统观测以获取信息并进行处理为即时观测信息,这些指定的地点称为水文测站(如图 5-1)。

水文测站所观测的项目有:水位、流量、泥沙、降水、蒸发、水温、冰凌、水质、地下水位等。只观测上述项目中的一项或少数几项的测站,则按其主要观测项

图 5-1 钦州青年水闸水文测站

目分别称为水位站、流量站(也称水文站)、雨量站、蒸发站等。

5.2.4 水文信息采集水文测站的分类

根据测站的性质,河流水文测站又可分为:

(1)基本测站:为掌握全国各地水文情况而设立的,故需统一规划和布设,对水文要素要长期观测,测验按规范进行。

(2)专用测站:为专门科学研究或为某水利工程而设立的水文站,其工作内容由设站目的而定。

(3)实验测站:对某种水文现象的变化规律或对某些水体作深入研究,由有关科研单位设立。

5.2.5 水文信息采集水文站网

因单个测站观测到的水文要素其信息只代表了站址处的水文情况,而流域上的水文情况则须在流域内的一些适当地点布站观测,这些测站在地理上的分布网称为水文站网。广义的站网是指测站及其管理机构所组成的信息采集与处理体系。

水文站网布站的原则是:通过所设站网采集到的水文信息经过整理分析后,达到可以内插流域内任何地点水文要素的特征值,这也就是水文站网的作用。

水文站网规划的任务:就是研究测站在地区上分布的科学性、合理性、最优化等问题。

5.2.6 水文信息采集水文测站的设立

水文测站的设立包括选择测验河段和布设观测断面。

5.2.6.1　水文信息采集测验河段的选择

在站网规划规定的范圆内，具体选择测验河段时，主要考虑在满足设站目的要求的前提下保证工作安全和测验精度，并有利于简化水文要素的观测和信息的整理分析工作。具体地说，就是测站的水位与流量之间呈良好的稳定关系(单一关系)。

5.2.6.2　水文信息采集观测断面的布设

水文测站一般应布设基线、水准点和各种断面，即基本水尺断面、流速仪测流断面、浮标测流断面、比降断面。

(1)基线：通常与测流断面垂直，起点在测流断面线上。其用途是用经纬仪或六分仪测角交会法推求垂线在断面上的位置。基线的长度视河宽 B 而定，一般应为 0.6B。

(2)水准点：分为基本水准点和校核水准点，基本水准点是测定测站上各种高程的基本依据，校核水准点是经常用来校核水尺零点的高程。

(3)基本水尺断面上设立基本水尺，用来进行经常的水位观测。

(4)测流断面应与基本水尺断面重合，且与断面平均流向垂直。

(5)浮标测流断面有上、中、下三个断面，一般中断面应与流速仪测流断面重合，上、下断面之间的间距不宜太短，其距离应为断面最大流速的 50~80 倍。

(6)比降断面设立比降水尺，用来观测河流的水面比降和分析河床的糙率。

5.3　水文信息采集的方式

5.3.1　测站

水文测站所观测的项目：水λ、流量、泥沙、降水、蒸发、水温、冰凌、水质、地下水等。测站分类：基本站、专用站。两种测站相辅相成，专用站在面上辅助基本站，基本站在时间系列上辅助了专用站。

5.3.2　站网

布站原则是通过所设立站网采集到的水文信息经过整理分析后，达到可以内插流域内任何地点水文要素的特征值。根据实际需要，对于不同流域、不同要求，不同流域、不同水文站布设测站项目不同，在地区分布上具有科学性、合理性和最优化。

我国水文站网于 1956 年开始统一规划布站，经过多次调整，布局已经比较合理，但随着我国水利水电的发展，大规模人类活动的影响，不断改变着天然河流汇流、蓄水条件及来水水量等条件，因此对水文站网要进行适当调整、补充。

5.3.3 测站的设立

具体选择测验河段时，主要考虑在满足设站的目的要求的前提下，保证工作安全和测验精度，并有利于简化水文要素的观测和信息的整理分析工作。水文测站的建站包括测验河段和布设观测断面。断面控制的原理：在天然河道中，由于地质或人工的原因，造成河段中局部地形突起，使得水面曲线发生明显转折，形成临界流，从而构成断面控制。河槽控制：水 λ 流量关系要靠一段河槽所发生的阻力作用来控制，如河段的底坡、断面形状、糙率等因素比较稳定，则水 λ 流量关系也比较稳定。水文测站布设：基线、水准点、各种断面即基本水尺断面、流速仪测流断面、浮标测流断面及比降断面。

5.4 收集水文信息的途径及方法

5.4.1 驻测

为了提高水文信息采集的社会效益和经济效益，一般都采取驻测、巡测、间测及水文调查相结合的方式收集水文信息。全国统一采用黄海基面，但各流域由于历史原因，也有沿用大沽基面、吴淞基面、珠江基面，也有采用假定基面或冻结基面的。使用时要查清基面。

5.4.2 水 λ 观测

水 λ 观测为水利、水运、防涝提供具有单独使用价值的资料，在推求其他水文数据时能提供间接运用资料。在进行观测时，必须要备好以下工具：

水 λ 观测设备及观水尺、自记水 λ 计。

水尺：直立式、倾斜式、矮桩式与悬锤式等。

水 λ 观测：基本水尺和比降水尺的水 λ。

同时要做好基本水尺的观测：水 λ 变化缓慢时，y 日 8 时和 20 时各观测一次（2 段制）；枯水期日变幅在 0.06m 以内时，用 1 段制观测；日变幅在 0.12~0.24 米时，4 段制，依次 8 段、12 段制等。观测次数根据需要而定。后期要做好数据整理，包括：日平均水 λ、月平均水 λ、年平均水 λ 的计算。在刊布的水文年鉴中，均载有各站的日平均水 λ 表，表中附有月、年平均水 λ，年及月的最高、最低水 λ，以及汛期水 λ 要素摘¼表。

5.4.3　流量测验

流量反映水资源和江河、湖泊、水库等水体水量变化的基本数据，也是河流最重要的水文特征值。用各种流量测量方法得到的资料，分析江河流量变化规律，为国民经济各部门服务。测流量方法：流速面积法、水力学法、化学法、物理法及直接法。

5.4.4　流速仪法测流

河流各断面的形态、河床表面纵波、河道弯曲等情况，对断面内各点流速产生影响，因此在过水断面上，流速因水平及垂直方向的 λ 值不同而变化，因此流速仪法测流就是将水道断面划分为若干部分，用普通流量方法测算出各部分断面的面积，用流速仪测流速并计算各部分面积上的平均流速，两者的乘积即部分流量，各部分流量的和为全断面的流量。

①断面测量。在断面上布设一定数量的测深垂线，施测各条测深垂线的起点距和水深并观测 λ，计算得各测深垂线处的河底高程。测深垂线的 λ 值根据断面情况布设于河床变化的转折处，并且主槽较密，滩地较稀。

②起点距的测量。使用断面索法、经 γ 仪、平板仪、六分仪等，断面索法常用于中小河流，其他方法常用于大河流。目前，GPS 也用于测验起点距。

③流速测量：天然河道中一般采用流速仪测流速，是国内外广泛使用的测流速方法，也是评定各种测流新方法精度的衡量标准。常用的流速仪有旋桨式流速仪、旋杯式流速仪。流速仪测流速的方法可分为积点法、积深法、积宽法。最常用的积点法即在断面的各条垂线上将流速仪放至不同的水深点测速。测速垂线的数目及 γ 条测速垂线上测点的多少根据流速的精度要求、水深、悬吊流速仪的方式等情况而定。

5.4.5　潮位温盐观测分析系统

自动采集、处理和存储潮位、表层海水温度和表层海水盐度等，由传感器、数据采集器、通信设备和电源组成。传感器包括表层海水温度盐度传感器和潮位传感器等。

增加 DACP、雷达自动观测及传感器等知识。

5.4.6　雷达自动观测

合成孔径雷达(Synthetic Aperture Radar：SAR)是利用一个小天线沿着长线阵的轨迹等速移动并辐射相参信号，把在不同位置接收的回波进行相干处理，从而获得较高分辨率的成像雷达，可分为聚焦型和非聚焦型两类。

作为一种主动式微波传感器，合成孔径雷达具有不受光照和气候条件等限制实现全天时、全天候对地观测的特点，甚至可以透过地表或植被获取其掩盖的信息。这些特点使其在农、林、水或地质、自然灾害等民用领域具有广泛的应用前景，在军事领域更具有独特的优势。尤其是未来的战场空间将由传统的陆、海、空向太空延伸，作为一种具有独特优势的侦察手段，合成孔径雷达卫星为夺取未来战场的制信息权，甚至对战争的胜负具有举足轻重的影响。

5.5　数据处理

水文测站测得的原始数据都要按科学的方法和统一的格式整理、分析、统计、提炼成为系统、完整，有一定精度的水文资料，提供给水文水资源计算、科学和有关国民经济部门应用。

5.5.1　稳定的水λ流量关系曲线

即在一定条件下水λ和流量之间单值函数关系。不稳定的水λ流量关系曲线即在测验河段受断面冲淤、洪水涨落、变动回水或其他因素的个别或综合影响，使水λ与流量间的关系不呈单值函数关系。

5.5.2　水λ流量关系曲线的延长

测站测流时，由于施测条件的限制或其他种种原因，致使最高水λ或最低水λ的流量缺测或◎测，为取得全年完整的流量过程，必须进行高低水时水λ流量关系的延长。延长的结果：对洪水期流量过程的主要部分，包括洪峰流量在内，有重大的影响。高水部分的延长一般不超过当年实测流量所占水λ变幅的30%，低水部分一般不超过10%。对稳定水λ流量关系进行延长常用的方法：水λ面积与水λ流速关系高水延长、曼宁公式外延、斯帝文斯法。水λ流量关系曲线的低水延长法：一般以断流水λ做控制进行水λ流量关系曲线向断流水λ方向所作的延长。

5.5.3　水λ流量关系曲线的移用

规划设计中，常常遇到设计断面处缺乏实测数据，需要将邻近水文站的水λ流量关系移用到设计断面上。在不同的水力情况下采用不同移用方式：当设计断面与水文站相距不远且两断面间的区间流域面积不大，河内无明显出流与入流情况下时，采用设计断面与水文站断面同时刻水λ所得的流量点绘的关系曲线。当设计断面距水文站较远，且区间入流出流近似为零时，必须采用水λ变化中λ相同的水λ来移用。当设计断面的水λ观测数据不足，甚至等不及设立临时水尺进行观

测后再推求其水 λ 流量关系，则用计算水面曲线的方法来移用。当设计断面与水文站的河道有出流或入流时，则主要靠水力学的办法来推算设计断面的水 λ 流量关系。

5.5.4　日平均流量计算及合理性检查

逐日平均流量：流量变化平稳时，采用水 λ 流量关系曲线推求；当变化较大时，采用逐时水 λ 推求逐时流量，然后用算术平均法或面积包 X 法求得日平均流量，月平均和年平均流量：据日平均流量计算逐月平均流量和年平均流量。合理性检查：单站检查可用历年水 λ 流量关系对照检查；综合性检查以水量平衡为基础，对上下游或干支流上的测站与本站流量数据处理成果进行对照分析，以提高流量数据处理成果的可靠性。本站成果经检查确认无误后，才能作为正式资料提供使用。

5.6　降水

5.6.1　降水

降水主要是指降雨和降雪，其他形式的降水还有露、霜、雹等。水分以各种形式从大气到达地面统称为降水。降水是水文循环的重要环节，也是人类用水的基本来源。降水资料是分析河流洪枯水情，流域旱情的基础，也是水资源的开发利用如防洪、发电、灌溉等的规划设计与管理运用的基础。因此，它是一项非常重要的资料。

5.6.2　降雨类型

（1）气旋雨

随着气旋或低压过境而产生的雨称为气旋雨。

（2）对流雨

地面受热，温度升高、下层空气膨胀上升和上层空气形成对流运动。当下层带有丰富水汽的暖空气上升到温度较低的高空时，产生动力冷却而凝成雨滴下降，称对流雨。对流雨多发生在夏季酷热的午后，一般强度大、面积小、历时短，它对小面积洪水影响大，易形成陡涨陡落的洪水过程。

（3）地形雨

当暖湿气团在运动中遇到山岭障碍时，沿山坡上升，由于逐渐变冷凝结成雨而降落称地形雨。地形雨多在迎风的山坡上，背风坡则雨量稀少。

（4）台风雨

台风雨是热带海洋上的风暴带到大陆来的雨，是由异常强大的海洋湿热气团组成，常造成狂风暴雨。发生台风雨时，暴雨一天内可达数百毫米，极易造成灾害。

5.6.3　暴雨

暴雨主要由于对流作用所形成，其特征是历时短、强度大，在地区上笼罩面积相对不大。1 天降雨量超过 50 毫米或 1 小时降雨量超过 16 毫米者称为暴雨。1 天降雨量超过 100 毫米者称为大暴雨，1 天降雨量超过 200 毫米者称为特大暴雨。

5.6.4　降水基本要素

（1）降水量

在某一给定时段内降落在某一面积上的总水量，如日降水量是指某一面积上 1 天内的降水总量，次降水量是指某一面积上一次降水的总量等，以立方米、亿立方米或立方千米计，但一般常用降水深度表示，即在该时段内降落在某一面积上的水深，以毫米计。在各种水文资料中，降水量除特别注明外，均指降水深度。

（2）降水历时和降水时间

降水历时是指一次降水过程所经历的时间，降水时间则是指对应于某一降水量而言，某一时间内降雨若干毫米，此时间即为该若干毫米降雨的降水时间。

（3）降水强度

降水强度指单位时间内的降水量，一般以毫米/分钟或毫米/小时计。

（4）降水面积

降水所笼罩的水平面积，以平方千米计。

5.6.5　降水特征表示方法

（1）降水量过程线：降水量过程线以时段降水量为纵轴，时段次序为横轴绘制而成。

（2）降水量累积曲线：此曲线横坐标表示时间，纵坐标代表自降水开始以各该时刻降水量累积值。

（3）等降水量线或等雨量线为了表示某一地区或流域的次、日、月、年降水量的分布情况，可用等雨量线图。

（4）降水特性综合曲线

①降雨强度与历时关系曲线

②平均深度与面积关系曲线

③平均深度与面积与历时关系曲线

5.6.6　降水量观测

（1）降水量观测场地：应按规范要求建立观测场。

（2）降水量观测仪器：一般为 20 厘米口径的雨量器和自记雨量计，目前水文遥测采用的是 20 厘米口径的翻斗雨量计。

(3)降水量观测：一般只测记降雨、降雪、降雹的水量，并注记雪、雹符号。单纯的雾、露、霜，不论其量大小均不测记(特别情况，可另作规定)。

(4)降水量记至 0.1 毫米，不足 0.05 毫米的降水不做记载。历时记至分钟。每日降水以 8 时为日分界，从本日 8 时至次日 8 时的降水量为本日的日降水量。

(5)用雨量器观测降水量一般采用定时分段观测制，测站各时期所采用的段次，在《测站任务书》中规定。

(6)液体降水量的量法，将储水瓶内的水倒入量杯，放平量杯，使视线与量杯水面齐平，观测量杯中水面的凹下面，记至 0.1 毫米。每次观测后应立即记入记载簿中。如果降水量很大，量杯不能一次量完，则可分几次量，将总数记入记载簿内。每次雨量，待复测后方可倒去。

5.6.7　区域平均降水量计算

(1)算术平均法

在地形起伏不大，区域内降水分布较均匀或降水在地区上的变化较均匀，测站布置合理或较多的情况下，算术平均法最简单且能获得满意的结果。

(2)泰森多边形法(又称垂直平分法)

如果区域内雨量站分布不均匀，且有的站偏于一角，此时采用泰森多边形法较算术平均法合理和优越。

(3)等雨量线法

对于地形变化较大(一般是大流域)，区域内又有足够数量的雨量站，能够根据降水资料结合地形变化绘制出等雨量线图，则应采用本方法。

5.7　蒸发与散发

5.7.1　蒸发与散发

蒸发与散发是水文循环过程中自降水到达地面后由液态(或固态)化为水汽返回大气的一个阶段。大陆上一年内的降水约有 60% 消耗于蒸发与散发，显然蒸发与散发是水文循环的重要环节。从径流形成来看蒸发与散发是一种损失。蒸发与散发在水量平衡研究及水利工程规划设计中是不可忽视的影响因素。

5.7.2　陆上水面蒸发场的设置要求

①蒸发场四周应空旷、平坦，避开局部地形、建筑物及树木等障碍物的影响。
②蒸发场应离大水体远些，以避开其影响。

③蒸发场内及其周围，一般不应产生地面积水。

④选择场址应考虑到加水的方便，水源的水质应符合观测用水的要求。

⑤在城市和工矿区附近的蒸发场，最好选在工矿区最多风向的上风面，以减少烟尘对蒸发器内水质的影响。

⑥在大洪水期有可能遭致淹没的地区，一般应避免设站。如确有需要，应考虑在淹没时期采取相应的观测措施。

5.7.3　观测仪器

目前全国蒸发站网上使用的观测仪器，主要有 E-601 型蒸发器，口径为 80 厘米带套盆的蒸发器和口径为 20 厘米的蒸发皿三种。

5.7.4　蒸发量观测

一般每日 8 时观测蒸发量和降水量一次，蒸发量以毫米计，测记至 0.1 毫米。

5.8　径流

5.8.1　径流形成过程

由降雨(或融雪)到水流汇集到河流出口断面的整个物理过程，称径流形成过程。水文过程线以连续曲线的形式显示了通过断面的流量随时间变化的情况。过程线是反映地面径流、壤中流(表层流)、地下水和河槽降水的总量随时间变化的过程。

5.8.2　流域蓄渗过程

当雨水降落到地面上时，除一小部分(一般不超过 5%)降落于河槽水面上的降水直接形成径流外，大部分降雨并不立即产生径流，而是消耗于植物截留、下渗、填洼与蒸发。在一次降雨过程中，流域上各处的蓄渗量及蓄渗过程的发展是不均匀的。因此，地面径流产生的时间和地方并不一致，有前有后，先满足蓄渗的地方先产流。

渗入土壤中的水份，使包气带含水量增加，在表土层较薄，且松散透水、下伏相对不透水层的条件下，当达到饱和时，部分水份沿坡侧向流动，形成壤中流，注入河槽。继续深向运行的下渗水量，到达地下水面，以地下水的形式补给河流，称地下径流。在这一阶段中凡是不构成径流的降水部分，称损失量，包括植物截留、填洼及滞蓄于土壤中的下渗水量。

在这一阶段中，河槽水流基本上没有大量的新的补给，主要仍靠前期地下水补给(可能有少量的河槽降水)。因此，流量过程线无明显的变化。

5.8.3　坡地汇流过程

超渗雨水在坡面上以片流域时分时合的细沟流运动的现象称坡面漫流。当满足填洼以后，开始产生大量的地面径流，水流进入正式的漫流阶段。在漫流过程中，坡面水流一方面继续不断地接受降雨补给，一方面又不断地消耗于蒸发和下渗。

壤中流及地下径流也同样具有沿坡地土层的汇集过程。壤中流汇流速度比地面径流慢，到达河槽也较迟。壤中流所占总径流中的比例与流域土壤和地质条件有关。

5.8.4　河网汇流过程

各种径流成分经坡地汇流注入河网，在河网内沿河槽作纵向流动和汇集的过程称河网汇流。

5.8.5　径流计量单位

(1)流量 Q：单位时间内通过某过水断面的水量，以(立方米/秒)表示。流量有瞬时值、日平均值、年平均值及多年平均值等。

(2)径流总量 W：在一定时段内通过某断面的水量，以立方米或亿立方米计。

(3) 径流模数 M：单位流域面积上的平均流量。

(4) 流量变率 K：某一年的年平均流量和正常年径流量之比。

(5) 径流深度 R：将计算时段内的径流总量，均匀铺在某断面以上的流域面积上，其相应的水层深度即是径流深度，以毫米表示。

(6) 径流系数 α：任意时段内径流深度 R 与同时段内降水深度 P 之比。

5.8.6　洪水特性表示方法

通常用洪峰流量、洪水总量和洪水总历时表示洪水特性的三个要素。一次洪水过程，其最大值为洪峰流量，洪水过程线与横坐标所包围的面积即为该次洪水总量，洪水过程线的底宽即为总历时。洪峰流量为 Qm，洪水总量为 W，洪水总历时为 T。若相邻两次降雨，由于前期降雨所形成的洪水过程尚未泄完，第二次降雨所形成的洪水过程又接踵而来，就形成了复式洪水过程。

5.8.7　枯水

枯水是河流断面上较小流量的总称。枯水经历的时间为枯水期。枯水是因地面径流完全停止，河网中容蓄的水量全部消退，河道的水量完全依赖于流域蓄水量的补给。

5.9 水文站网

5.9.1 水文站网

水文站网是在一定地区，按一定原则，用适当数量的各类水文测站构成的水文资料收集系统。水文测站是在河流上或流域内设立的，按一定技术标准经常收集的提供水文要素的各种水文观测现场的总称。

5.9.2 水文测站分类

水文测站按目的和作用分为基本站、实验站、专用站和辅助站。

水文测站按观测项目可分为流量站、水位站、泥沙站、雨量站、水面蒸发站、水质站、地下水观测井等。

5.9.3 流量站分类

流量站按控制面积大小及作用分为大河控制站，区域代表站和小河站、流量站按水体的类型，可分为河道站、水库站、湖泊站、潮流量站。

控制面积为3000~5000平方千米以上大河干流上的流量站为大河控制站。湿润地区在100~200平方千米以下的小河流上设立的流量站，称为小河站。其余的天然河道上的流量站，称为区域代表站。

5.10 水文测站设立

5.10.1 水文站设立

按照站网规划设立水文站时，要尽可能选择较好的站址，建立适当的、准确的、牢固的测验设施，这对于提高工效、方便测验、保证资料质量都有重要意义。

5.10.2 测验河段选择

(1)站址查勘时，选择测验河段的原则是首先应能满足设站目的和要求，并能保证成果精度，便于测验和整编。

(2)一般河道站应尽量选择河道顺直、稳定、水流集中，便于布设测验设施的河段，顺直长度一般应不少于洪水时主槽河宽的3~5倍。山区河流，在保证测验工作安全的前提下，尽可能选在急滩、石梁、卡口等控制断面的上游。测验河段要尽量避开变动回水，急剧冲淤变化，分流、斜流、严重漫滩等不利影响，避开妨碍测验工作的地貌、地物。

（3）堰闸站和水库站的测验河段，一般选在建筑物的下游避开水流紊动影响的地方。堰闸站、建筑物上游如有较长的顺直河段，也可选在上游，但应注意测验安全。

（4）水库、湖泊的水位观测点，应选在岸坡稳定，水位有代表性，便于建立观测设备，便于观测的地方。

（5）考虑生活、交通、通信方便等条件。

5.10.3　基面的确定

水位和高程数值，一般都以一个基本水准面为准，这个基本水准面，称为基面。水文资料中涉及的基面有：绝对基面、假定基面、测站基面和冻结基面。

分述如下：

（1）绝对基面：一般是以某一海滨地点的特征海水面为准，这个特征海水面的高程均定为 0.000 米。现用者有大连、大沽、黄海、废黄河口、吴淞、珠江等基面。若将水文测站的基本水准点与国家水准网所设的水准点接测后，则该站的水准点高程就可根据引据水准点用某一绝对基面以上的高程数来表示。

（2）假定基面：若水文测站附近没有国家水准网，其水准点高程暂无法与全河（地区）统一引据的某一绝对基面高程相连接，则可暂自行假定一个水准基面，作为本站水位或高程起算的基准。

（3）测站基面：是水文测站专用的一种固定基面。一般选在略低于历年最低水位或河床最低点的基准面上。

（4）冻结基面：也是水文测站专用的一种固定基面。一般是将测站第一次使用的基面冻结下来，作为冻结基面。

5.10.4　断面的布设

（1）基本水尺断面的布设
（2）流速仪测流断面的布设
（3）浮标测流断面的布设
（4）比降断面的布设
（5）基线、测量标志的布置

5.10.5　水位观测设备的建立

（1）水位观测的设备
常用的水位观测设备有水尺和自记水位计两类。

① 水尺：是测站水位观测的基本设施，按型式可分为直立式、倾斜式、矮桩式和悬锤式四种。

② 自记水位计：具有记录连续、完整、节省人力等优点，测站可根据需要和可能条件予以采用。目前使用的自记水位计的形式，主要有就地记录式与远传记录式两种。

（2）水尺的布置

确定水尺型式后，应根据历年水位变幅，本着满足使用要求、保证观测精度与设置经济安全的原则，安排各支水尺的位置与观测范围。

（3）自记水位计的设置

自记水位计由自记水位仪器与自记水位计台两部分组成。目前普遍采用的自记水位仪器是机械型自记仪器，其特点是感应系统通过机械传动作用于记录系统（重庆水文仪器厂、上海气象仪器厂的日记水位计等）。

自记水位计台的类型有岛式、岸式、岛岸结合式、传动式四种。

5.11 水文测报

5.11.1 水文测报作用

水文测报的作用一方面是了解、掌握水文测报站所在地区现时水雨情况、水文情势变化情况和发展态势。另一方面，可以通过实测水雨情信息应用由历史水文资料、历史灾害资料分析率定的水文预报模型或通过水文学方法进行分析计算，预测预报预见期内水文要素的变化情况，为防汛抗旱调度决策提供科学依据。

5.11.2 水位观测基本内容

（1）用水尺观测时，应按要求的测次观读、记录水尺读数，计算水位与日平均水位，或统计每日出现的各次高、低潮位。

（2）用自记水位计观测时，应定时校测、换纸、调整仪器，并对自记记录进行订正、摘录，计算日平均水位，或统计各次高、低潮位。

（3）堰闸、水库测站，除观测水位外，还要测记涵闸闸门开启高度、孔数和流态。

5.11.3 水位观测精度

（1）水位用某一基面以上米数表示，一般读记至 0.01 米。

（2）上下比降断面的水位差小于 0.2 米时，比降水尺水位可读记至 0.005 米。

（3）对基本、辅助水尺水位有特殊精度要求者，也可读记至 0.005 米。

5.11.4 水位观测时间及观测次数

水位的基本定时观测时间是 8 时。

基本水尺水位观测次数，视河流及水位涨落变化情况合理分布，以能测得完整的水位变化过程，满足日平均水位计算和水情拍报的要求为原则。

5.11.5　水位观测方法

用直接观读式水尺时，应该读取水面截于水尺上的读数，并注意折光影响。有风浪且无静水设备时，应该记波浪的峰顶和谷底在水尺上所截两个读数的平均值，或以水面出现瞬时平静的读数为准，并应连续观读 2~3 次，取其均值。

使用自记水位计观测水位，一般每日定时进行一次校测和检查，水位涨落急剧时，应适当增加校测和检查次数。

5.11.6　水位观测结果计算

（1）水位计算

水位用某一基面以上米数表示，由水尺读数与水尺零点高程的代数和算得。

水位＝水尺零点高程＋水尺读数

（2）日平均水位计算

一日内水位变化缓慢时，或水位变化虽较大，但系等时距观测或摘录时，均采用算术平均法。

一日内水位变化较大，且不等时距观测（摘录）时，采用面积包围法，将本日 0~24 时内水位过程线所包围的面积，除以一日时间求得。

5.11.7　水位的几种提法

警戒水位：是指可能造成防洪工程出现险情的河流和其他水体的水位。

保证水位（危急水位）：是指能保证防洪工程或防护区安全运行的最高洪水位。

最高水位：一定时段内，某观测点所出现的瞬时最高水位。

历史最高水位：某观测点在迄今为止的历史上所出现的瞬时最高水位。

最低水位：一定时段内，某观测点所出现的瞬时最低水位。

历史最低水位：某观测点在迄今为止历史上所出现的瞬时最低水位。

平均水位：某观测点不同时段水位的均值或同一水体各观测点同时水位的均值。

日平均水位：某观测点一天内（当天早上 8:00 至次日早上 8:00）不同时段水位的均值。

潮位（潮水位）：受潮汐影响所产生周期性涨落的水位。

5.11.8　流量测验

我省流量测验一般采用流速仪法，利用测桥或架设水文缆道用流速仪施测流速，计算流量，也有部分测站采用多普勒流速仪，浮标进行测流，也有的站采用测流槽、比降推求流量。

5.11.9 确定测流次数的基本原则

测站一年中测流次数的多少，应根据水流特性及控制情况等因素而定，总的要求能准确推算出逐日流量和各项特征值。

5.11.10 流速仪测流工作内容

(1)进行水道断测量。

(2)在各测速垂线上测量各点的流速。

(3)观测水位。

(4)根据需要观测水面比降。

(5)观测天气现象、测流段及其附近的河流情况。

(6)计算、检查和分析实测流量及有关数值。

流速仪测流分为精测法、常测法和简测法。

5.11.11 实测流量的计算

(1)垂线起点距和水深的计算。

(2)测点流速的计算。

(3)垂线平均流速的计算。

(4)部分面积计算。

(5)部分平均流速计算。

(6)部分流量计算。

(7)断面流量计算。

5.11.12 水文报汛方式

(1)水文自动测报系统

(2)人工置数报汛机

(3)利用传真机报汛

(4)利用电话报告水雨情信息

(5)直接报汛方式

5.11.13 水情拍报段次标准的拟定

水情拍报段次标准，应根据需要与可能，经济合理地加以拟定。一般应考虑以下几个方面：

① 防汛、防涝、抗旱的要求。

② 工程施工及运行管理要求。

③ 水文预报要求。

④ 照顾上下游、干支流之间的相应一致性。

⑤ 便于水情站执行，特别当水情站要求报汛较多时，应尽可能统一或简化段次标准。

5.11.14　水文预报

根据前期或现时已出现的水文、气象等信息，运用水文学、气象学、水力学的原理和方法，对河流、湖泊等水体未来一定时段内的水文情势作出定量或定性的预报。

5.11.15　水文预报方案编制要求

(1)编制预报方案所引用的水文资料，应有足够的代表性，一般不少于10年系列，并需包括大水年、平水年和小水年，在多个量级上都有代表性。

(2)预报方案所采用的预报方法，必须有理论依据。对经验相关关系也必须进行物理成因分析，检查合理性和适用条件。

(3)预报方案建立以后，必须进行评定或检验，以说明方案的有效性和可靠程度。

(4)编制完成的预报方案，必须送上级水情主管单位审查批准，方可进行作业预报，开展预报业务工作。

5.11.16　水文预报模型

(1)流域水文预报(降雨径流预报)

流域上降水在流域出口处形成的流量过程的预报，包括流域产流预报和流域汇流预报。

(2)区域水文预报

根据水文条件相似地区内的各河流涨水和退水规律，发布洪水预报或枯季径流预报。

(3)暴雨洪水预报

根据前期和现时的场次暴雨等有关资料，对暴雨形成的洪水过程所作的预报。

(4)风暴潮预报

沿海由于气压或风扰动引起的骤发性增水或减水的预报。

(5)水库水文预报

根据前期和现时水文、气象资料对水库未来的水文情报所作的预报。

(6) 施工水文预报

为了安全顺利地进行工程施工，根据施工不同阶段的要求所作的水文预报。

5.11.17　许可误差

(1)河道水位(流量)预报：预见期内最大变幅的许可误差采变幅均方差 6Δ，变幅为零的许可误差采用 0.36Δ，其余变幅的许可误差按上述两值用直线内插法求出。如算出的水位许可误差 $6\Delta > 1.0$ 米时。

取预见期内实测变幅的 20% 作为许可误差，水位以 5 厘米为下限，流量以测验误差为下限。

上述两标准可任选一种进行评定。

预报洪峰出现时间的许可误差，采用预报根据时间至实测洪峰出现时间间距的 30%，并以 3 小时为下限。

(2)降雨径流预报：净雨深预报的许可误差采用实测值的 20%，许可误差大于 20 毫米时，以 20 毫米为上限；许可误差小于 3 毫米时，以 3 毫米为下限。

洪峰流量的许可误差取实测值的 20%，并以流量测验误差为下限。

洪峰流量出现时间的许可误差，取预报根据时间至实际峰现时间间距的 30%，并以 3 小时或一个计算时段为下限。

(3)风暴潮水位预报：风暴潮最高水位预报的许可误差，取预见期内实测潮水位幅度的 15%，并以 20 厘米为下限。

5.11.18　作业预报精度评定

作业预报按每次预报误差的大小，分为四个等级。

优：预报误差在许可误差的 25% 以下。

良：预报误差在许可误差的 25%~50%。

合格：预报误差在许可误差的 50%~100%。

不合格：预报误差大于许可误差。

5.12　水情信息采集系统

5.12.1　水情信息采集系统建设情况

水、旱、台风、大潮多种灾害频繁交错发生的地区，对经济社会发展和人民生命财产安全影响极大，为了抵御各种灾害的侵袭，减轻或避免灾害损失，我省建设了各类水利工程，特别是蓄水工程，到目前为止，它们不仅拦蓄了上游洪水，减轻了所在流域下游的防洪压力，而且为城镇供水特别是海岛及沿海缺水地区提供优质水源，改善了当地水环境，促进经济和社会发展。为保证各类水利工程正常、安全地运行，及时掌握水雨情信息，为防汛防旱指挥调度决策提供科学依据，我省开展水雨情测报系统的建设，在历年的防汛防旱，台风暴雨洪水测报中发挥了巨大的作用，经济社会效益十分显著。

我省大范围的降雨主要由台风和锋面雨所形成，小范围特别是小流域降雨由东风波暴雨和受地形影响的强对流暴雨形成，其特点是范围小、历时短、强度大、发生地域不确定，近年来在温州、杭州、宁波、衢州、台州、绍兴等地时有出现，造成山洪暴发、山体滑坡形成泥石流，给人民生命财产造成极大损害。由于暴雨影响范围小，现有水文站网及遥测站网往往不能有效监测，并采取相应的防范措施，为保障人民生命财产安全，掌握重要小流域和重要小㈡型水库的雨水情信息，决定开展重要小流域和重要小㈡型水库水情信息采集系统的建设，并在重要小流域增设雨量监测站，扩大监测站网，保障人民群众生命财产安全。

5.12.2　建设内容和要求

省级建立水情信息采集系统中心站和省水利防汛通信平台，市级、县级建立分中心站，实时采集的水雨情信息采 GSM/GPRS 或 PSTN 通信信道统一进入浙江省水利防汛，通信平台。县级分中心通过专网（互联网作为备份）从省水利防汛通信平台获取实时水雨情信息，并上报市分中心，市分中心上报省中心。

水情信息采集站点雨量、水位数据自动采集、长期自记、固态存储，满足我省水文资料整编的规定要求，县分中心的水雨情信息应在 10 分钟内完成，并应在 20 分钟内上报至市分中心、省中心。

雨量信息采集站点应按照《降水量观测规范》要求建立观测场。水位信息采集站应建立水位台和校核水尺，有条件的应首先选建竖井式水位台，其次建立双管斜井水位台，水位观测范围要求能观测到历史最高水位和最低水位。

水库高程系统应采用 85 国家高程基准，在特殊情况下，也可采用与溢洪道、坝顶等特征相对应的高程系统，但无论采用何种高程系统，均须与水库水位库容关系和重要特征值相衔接。

5.12.3　水雨情信息的共享

水雨情信息的共享以县分中心为基础，县分中心将 GSM 遥测站、PSTN 遥测站信息、其他通信信道遥测站信息及小流域雨量采集站点信息按统一格式要求进行整合后送至县水利网站，县所属各镇、乡、村直接从县水利网站获取信息，开展防汛调度指挥决策。

5.13　水库水文专有名词

5.13.1　水库特征水位

水库特征水位是指水库在不同时期为完成不同任务，需控制达到或允许消落的各种库水位，如正常蓄水位、死水位、防洪限制水位、防洪高水位、设计洪水位、校核洪水位等。

5.13.2　水库特征水位和相应库容

①死水位和死库容

水库在正常运用情况下，允许消落的最低水位，称为死水位。死水位以下的库容，称为死库容。

②正常蓄水位和兴利库容

水库在正常运用情况下，为满足设计的兴利要求，在开始供水时应蓄到的水位，称为正常蓄水位。正常蓄水位与死水位之间的库容，称为兴利库容(调节库容或有效库容)。其间的深度，称为水库的消落深度或工作深度。

③防洪限制水位

水库在汛期允许蓄水的上限水位，称为防洪限制水位(汛前水位或起调水位)可根据洪水特性和防洪要求拟定。这个水位以上的库容，作为滞蓄洪水之用。当洪水消退时，水库应尽快泄洪，使水位迅速降到防洪限制水位。

④防洪高水位和防洪库容

遇到下游防护对象的设计洪水时，水库为控制下泄流量而拦蓄洪水，这时在坝前达到的最高水位，称为防洪高水位。防洪限制水位与防洪高水位之间的库容，称为防洪库容。

⑤设计洪水位

遇到大坝的设计洪水时，水库在坝前达到的最高水位，称为设计洪水位。

⑥校核洪水位和调洪库容

遇到大坝的校核洪水时，水库在坝前达到的最高水位，称为校核洪水位。防洪限制水位与校核洪水位之间的库容，称为调洪库容。校核洪水位以下的全部库容，称为水库的总库容。(校核洪水：工程在非常运用条件下符合校核标准的设计洪水。)

⑦水库历史最高水位：某水库建成后，迄今为止的历史上所出现的瞬时最高水位。

⑧水库库容大小划分：

大(一)型
大(二)型
中　　型
小(一)型
小(二)型

5.13.3　水库特性曲线

表示水库库区地形特征的曲线,称为水库特性曲线。它包括水库水位与面积的关系曲线和水库水位与容积的关系曲线,简称水库面积曲线和水库容积曲线(或库容曲线),是水库规划设计的重要基本资料。

①水库面积曲线

水库建成后,随着水库水位不同,水库的水面面积也不相同。这个水位 G 与水面面积 F 的关系曲线,称为水库面积曲线。

②水库容积曲线

水库容积曲线表示水库水位 G 与库容 V 的关系,可由水库面积曲线推算得出。

以上所说的库容是当水库水面为水平时的水库容积,称为静库容。实际上只是当水库的入库流量为零时,水面才是平的。如水库有一定的入库流量,其水面将成为回水曲线,入库处的水位比静水位高。这部分因回水形成的附加库容,称为动库容。入库流量越大,动库容也越大。在大型水库的洪水调节和淹没计算以及梯级水库的衔接计算中,须考虑动库容及回水影响。对于一般的水库径流调节计算,按静库容作出的库容曲线,已能满足精度要求。

第 6 章 气候学基础

气候学是研究气候特征、形成、分布和演变规律，以及气候与其他自然因子和人类活动的关系的学科。它既是自然地理学的一个分支，也是大气科学的一个分支。气候是人类生活和生产活动的重要环境条件。人类最初只能适应气候，本能地利用气候资源和躲避气候灾害。随着生产的发展，科学技术的进步人类已逐步掌握气候的分布和变化规律，在合理利用气候资源、有效防御气象灾害等方面取得成就，并开始在改善气候方面作出努力，气候学的研究也有了长足的发展，并形成物理气候学、天气气候学、综合气候学、应用气候学、卫星气候学、年轮气候学等分支学科。

气象学是把大气当做研究的客体，从定性和定量两方面来说明大气特征的学科，集中研究大气的天气情况和变化规律与对天气的预报。气象学是大气科学的一个分支，研究大气中物理现象和物理过程及其变化规律的科学。气象学的研究领域很广，研究方法的差异很大。气象学分成许多分支学科：大气物理学、天气学、动力气象学、气候学等。随着生产的发展，气象学的应用日益广泛，又相继出现海洋气象学、航空气象学，农业气象学、森林气象学、污染气象学等应用学科。现代科学技术在气象学领域的应用，又有新的分支学科出现，如雷达气象学、卫星气象学、宇宙气象学等。气象学是一门和生产、生活密切相关的涉及许多学科的应用科学。

6.1 研究对象

由于地球的引力作用，地球周围聚集着一个气体圈层，构成了所谓大气圈。

大气的分布是如此之广，以致地球表面没有任何地点不在大气的笼罩之下；它又是如此之厚，以致地球表面没有任何山峰能穿过大气层，而且就以地球最高峰珠穆朗玛峰的高度来和大气层的厚度相比，也只能算是"沧海之一粟"。人类就生活在大气圈底部的"下垫面"上。大气圈是人类地理环境的重要组成部分。

地球是太阳系的一个行星，强大的太阳辐射是地球上最重要的能源。这个能源首先经过大气圈而后到达下垫面，大气中所发生的一切物理（化学）现象和过程，除决定于大气本身的性质外，都直接或间接与太阳辐射和下垫面有关。这些现象和过程对人类的生活和生产活动关系至为密切。人类在长期的生产实践中不断地对它们进行观测、分析、总结，从感性认识提高到理性认识，再在生产实践中加以验证、修订，逐步提高，这就产生了专门研究。

大气现象和过程，探讨其演变规律和变化，并直接或间接用之于指导生产实践为人类服务的科学——气象学。

气象学的领域很广，其基本内容是：

(1)把大气当作研究的物质客体来探讨其特性和状态，如大气的组成、范围、结构、温度、湿度、压强和密度等。

(2)研究导致大气现象发生，发展的能量来源，性质及其转化。

(3)研究大气现象的本质，从而能解释大气现象，寻求控制其发生，发展和变化的规律。

(4)探讨如何应用这些规律，通过一定的措施，为预测和改善大气环境服务(如人工影响天气、人工降水、消雾、防雹等)，使之能更适合于人类的生活和生产的需要。

由于生产实践对气象学所提出的要求范围很广，气象学所涉及的问题很多，在气象学上用以解决这些问题的方法差异很大，再加上随着科学技术发展的日新月异，气象学乃分成许多部门。

6.2　研究方法

研究的方法主要有四种，分别为观测研究、理论研究、数值模式研究及实验研究：

6.2.1　观测研究

观测研究是借观测去了解不同的大气现象，可以说是气象学理论的中一块基石，亦是一般气象爱好者所关注的。观测方法亦有很多种，气象站、高空气球、卫星云图、雷达回波图等。观测研究不只是观测，也有一定程度的归纳和分析，例如一句"明天转冷"，便是一种分析。此外，绘制天气图、整理热带气旋路径、气候区域分类等，亦是观测研究所要做的。

6.2.2　理论研究

理论研究有三大部分，除观测外，物理和数学对理论研究亦很重要。理论可以从两方面产生，一方面是从观测数据中直接建立出来的，例如分析热带气旋强度的德沃扎克分析法，另一方面是从物理理论或其他气象理论演化出来的，例如地转方程、气压梯度方程等。物理理论很多时候需要数学的帮助，反过来说，数学语言有时更能使人们明白物理和气象理论。

6.2.3 数值模式研究

数值模式研究是较少人所认识的，它们都需要相当的理论知识、电脑程序技巧和实验技巧。数值模式研究会把不同的物理和气象方程，以电脑程序的方式放进电脑里，再计算出未来温度、湿度、气压、风向等变化，以协助天气预报或理论研究。

6.2.4 实验研究

实验研究同样是较少人所认识的，实验研究因数值模式研究的出现而比往日式微，但亦有其存在价值，例如要验证某些理论，数值模式研究是做不到的。

6.3 天气学

天气学是研究天气现象和天气过程的物理本质及规律，并用以制作天气预报的学科，是大气科学的一个重要分支。所以天气学的研究对象是整个地球大气，研究内容是大气中发生的各种天气现象及其演变规律。然而，在实际工作中天气学并未研究所有的大气物理过程，而只是研究对天气演变起重要作用的那些天气现象和天气过程。

6.3.1 天气学主要研究三方面内容

①揭示和发现大气环流、天气系统、天气过程等大气运动现象，综合归纳大气运动规律。

②研究大气中不同尺度的天气系统的结构、发生、发展和移动等特征，各种天气系统之间的相互作用及大气环流和天气过程的演变等的物理机制。

③研究天气预报方法。首先，必须仔细分析天气图中的观测资料，了解天气系统与天气状况分布与演变的特点；其次，利用天气学原理，诊断与分析为什么在这些地区有这样的天气出现，为什么有这样的天气特点；最后，利用天气学和动力学原理，结合天气学模型和数值预报的产品，以及最新的观测资料，进行未来的天气预报，这是天气预报的一般原理与方法。

6.3.2 发展方向

①天气学和动力气象学日趋结合，以及数值试验的开展，使天气学由半定性的研究向着更加精确和理论化的方向发展，天气预报也向着更加定量化和自动化的方向发展。

②卫星气象学、雷达气象学在天气学中的应用，以及飞机、火箭、定高气球等探测手段提供的各种非实时资料的运用，使天气学和天气预报更可利用卫星云图等多种工具进行分析研究和预报，使天气学朝着更加综合的方向发展。

③气象卫星探测以及许多大规模的国际联合试验，获得了大量低纬度地区和极地的资料，使以研究中、高纬度地区为主的天气学向着研究全球天气变化的方向发展。

④多普勒雷达等新技术的应用，使严重的灾害性天气预报向着更加准确及时的方向发展。

6.4　气候学

气候学是研究气候的特征、形成和演变，及其与人类活动的相互关系的一门学科。它既是大气科学的分支，又是地理学的组成部分。

随着生产规模的日益扩大，气候和人类社会的关系越来越密切。为了合理地开发和利用气候资源，减轻气候灾害的影响，避免人类活动对大气环境造成的不良后果，无论是大规模的开垦、重大工程的设计和管理，还是制订各种发展规划和研究工农业的布局，都需要了解所在地区的气候特征及其演变规律。气候学的研究成果及其应用，正日益受到各方面的重视。

6.4.1　现代气候学研究主要方面

①气候形成。研究太阳辐射、大气环流、下垫面状况在气候形成中的作用，以及人类活动和地球天文参数变化对气候的影响，如对辐射气候、动力气候、物理气候、季风气候、污染气候等的研究。

②气候分布。研究各地气候的物征和差异、各种气候要素的分布规律，如对气候分类和气候区划、区域气候、近地层气候、高空气候、海洋气候等研究。各地的气候特征有显著的差异。

③气候变迁。研究地球形成以来各个时期和未来的气候特征和变化规律，如对地质时期气候、历史气候、现代气候、气候预测等的研究。

④气候与其他自然因素的关系。研究气候与地形、水文、植被、土壤等之间的相互作用和相互关系，如对小气候、地形气候、水文气候、植被气候和土壤气候等的研究。

⑤应用气候。研究气候对人类生产活动、生活活动以及军事等的影响，如对气候资源利用、气候灾害防御、大气环境分析和评价，以及农业气候、工业气候、建筑气候、航空气候、城市气候、医疗气候、军事气候等的研究。

⑥气候与人类的关系。研究人类对气候的影响，包括有意识地改善气候条件和

无意识地使气候恶化。

6.4.2 《气候学变化研究》

《气候学变化研究》是一本关于气候变化领域最新进展的国际中文期刊，由汉斯出版社发行。主要刊登国内外气候变化相关领域学术论文。本刊支持思想创新、学术创新，倡导科学，繁荣学术，集学术性、思想性为一体，旨在为了给世界范围内的科学家、学者、科研人员提供一个传播、分享和讨论气候变化领域内不同方向问题的交流平台。

6.5　气象数据采集系统

就是指自动气象站，通常是由一个以微型计算机为核心的特定数据采集器作为中心，将各种输出信号的气象要素传感器以有线或者无线的方式连接到数据采集器上，由数据采集器进行数据采集和转换处理以及气象信息的传输。

气象数据采集与处理系统就是指自动气象站，通常是由一个以微型计算机为核心的特定数据采集器作为中心，将各种输出信号的气象要素传感器以有线或者无线的方式连接到数据采集器上，由数据采集器进行数据采集和转换处理以及气象信息的传输。自动气象站一般也可分为硬件和软件两部分构成，硬件部分包含计算机、数据通信接口、气象要素传感器、气象数据采集接口模块、电源转换模块等，软件部分包括数据采集与处理软件和数据网络传输软件等。

6.5.1　自动气象站的特点

(1)可应用于人工气象站，用来获取普通观测时间以外的气象数据，保证了气象数据在时间上的完整性；

(2)可应用于人工气象站无法进入的监测区域，保证了气象数据在地域上的完整性；

(3)利用计算机及嵌入式技术进行气象数据的采集、处理和存储，保证了气象数据的高效性和可靠性；

(4)利用智能电子通信技术进行气象数据的传输，保证了气象数据的实时性。

气象数据采集与处理系统遵循 RTOS(实时操作系统)的设计思想和原则，要求高可靠性、高时效性和可维护性。

6.5.2　气象数据采集系统功能

该数据采集系统运用于气象数据采集站上的数据采集。主要实现对前端传感器的连接。通过主控制电路控制来选通所接传感器的通道，然后对信号进行前端的调理，输入到 16 位的 A/D 转换器。A/D 转换的结果通过 SPI 口送到主控制单元。主控制单元把数据送 CF 卡进行存储或者通过三种通信接口传输到上位控制 PC 机上。

6.5.3 气象数据采集系统用户需求

1. 实现 8 通道的数据采集
2. A/D 采样精度达到 16 位
3. 实现大容量的数据存储
4. 实现多种数据通信方式
5. 实现上层软件灵活配置

6.5.4 系统总体结构

6.5.4.1 硬件系统构成

中央处理单元、数据采集单元、数据存储单元和数据传输单元。

6.5.4.2 硬件系统框图

整个系统包括：前端模拟数据采集电路(包括信号输入通道、增益控制、A/D 转换)、主控制电路(由 ARM 微处理器组成)、数据传输接口电路(USB2.0 接口，RS-2 犯接口、I OM 以太网接口)和数据存储电路(主要由支持工 DE 接口的 CF 存储卡组成)。系统原理框图如下图所示。

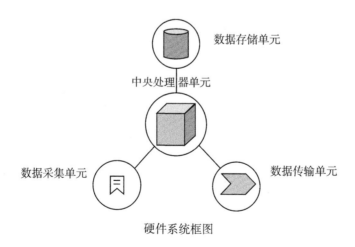

硬件系统框图

第四部分　教学点和见习路线

第7章 教学点知识

7.1 水库教学点

钦州市周边的水库有：钦州灵东水库，弯弯水库，凤凰水库，龙门水库等。

灵 东 水 库

灵东水库又称"东湖"，钦州市第一饮水水源。位于灵山县城东 14 公里，在号称灵山第一峰的罗阳山翠峦环抱中，高山出平湖，水色湛蓝，似一面明镜。该水库始建于 1958 年，当时全国兴修的十大水库之一，景区总面积 728 万平方米，现在已建设成为以灌溉防洪为主，兼发电、种养、旅游等综合利用，风景秀丽的人造湖，是水利部重点联系的大型水库之一，被列入广西滨海旅游风景区。水库东西走向，呈狭长形，水平直线长 15000 米，最宽处 3150 米，水面面积 667 万平方米。水云间 15 个岛屿，大则几千平方米，小则几百平方米，在水中央的天湖岛上建有天湖岛度假村。水库大坝高 30.6 米，坝顶长 1824 米，横贯南北。坝堤西下三级斜坡，植草披绿，宛如凭空悬挂着一张宽幅的驼绒壁毯。坝堤临水一面以大石块镶嵌，侧看恰似巨龙卧波。大坝两端还建有东湖阁宾馆、东湖阁、东湖度假村和灵湖茜苑。

7.2 湖泊教学点

星 岛 湖

星岛湖位于北海合浦县西北部 24 公里处的洪潮江水库，距离北海市区 50 公里，约 1 小时的车程。大大小小 1026 个岛屿宛如一颗颗璀璨的星星撒落在方圆 600 平方公里的绿水碧波上，星岛湖因此得名。星岛湖气候宜人，湖面宽阔，水绕青山，景色十分迷人，该处还建有"水浒城"，是中央电视台拍摄《水浒传》的外景基地。

7.3　河流教学点

钦　江

钦江，全长 179 公里(一说 178.8 公里)，流域面积 2457 平方公里。在灵山县境内，主干流发源于灵山县平山镇灵东水库内的东山东麓白牛岭，另一支干流发源于罗阳山北麓，主河总落差 57.5 米，河流在县境内长 93 公里，其中水库内 19.7 公里，集雨面积 1694 平方公里，年径流量 11.69 亿立方米，多年平均流量 32 立方米/秒(1989 年大旱曾 3 次断流)。流经灵山县平山镇、佛子镇、灵城镇、三海镇、新圩镇、檀圩镇、那隆镇、三隆镇、陆屋镇。水文特征：钦江水量丰富，据在钦江青年水闸的观测，钦江多年平均流量为 64.37 立方米/秒，多年平均年径流量 20.3 亿立方米，年径流深为 900 毫米。因受降水变化不均的影响，流量的年内变化较大，在汛期(4~9 月)，其流量占全年流量的 83%，其中以 8 月流量最大，占年流量的 22%；枯季(10 ~ 来年 3 月)流量仅占全年流量的 17%，最小流量出现在 12 月—来年 2 月，3 个月的流量只占全年流量的 6%。河流多年平均含沙量为 0.22 公斤/立方米，年输沙量 46.5 万吨，侵蚀模数为 199 吨/平方公里。

钦江(钦州水文站)的水文特征：较大洪水的最大水位变幅约为 4.5 米，一般变幅为 3.5 米左右。洪水历时一般为 2~3 天，涨洪历时约一天，落洪历时约 2 天。发生洪水期间潮夕消失，纯潮期间一般每日发生高、低潮各一次，半月周期的新老潮期交替之日则发生高、低潮各两次，基本上属不正规混合全日潮型。涨潮潮差最大为 2.18 米，平均 0.96 米，落潮潮差最大为 2.17 米，平均为 0.99 米。涨潮历时最大为 8 小时 25 分，平均 4 小时 24 分；落潮历时最大为 23 小时 44 分，平均 18 小时 42 分。

气候特征如下表所示。

河流名称	长度 (公里)	流域面积 (平方公里)	发源地	流经地
玉麓江	18	63	三海镇峨眉村以北	三海、灵城
那隆江	33	190	烟墩镇鹤眼岭	烟墩、那隆
大平江	23	130	那隆镇六安村蒋屋	那隆
旧州江	35	200	鸡笼顶东北麓	旧州、陆屋
青坪江	29	105	长安水库内的坪田	旧州镇新村、陆屋镇华麓

流域上游地区在灵山县，地处低纬度，属南亚热带季风气候。一年中气候温和，夏长冬短，雨量充沛，光照充足，冬春季有间歇性寒潮入侵。据县气象站1956~1984 年记录，年平均气温 21.7℃，极端最高气温 38.2℃（1957 年 8 月 15 日），极端最低气温-0.2℃（1963 年 1 月 15 日）。年积温 7500℃~8100℃，无霜期平均为 348 天，年平均有霜日数仅 2.5 天。年日照总时数在 1400~1950 小时，平均为 1673 小时。年降水量最大年份为 2438 毫米（1961 年），最小年份为 1005 毫米（1963 年），平均为 1658 毫米，多集中在 4~9 月，这期间降水量占全年的 80%，年平均降水日数 161 天。

钦州市位于北回归线以南，在著名的亚洲东南部季风区内，太阳辐射强，季风环流明显。由于南临北部湾，西北靠十万大山，主要受海洋气候影响，也受大陆气团影响，海洋性气候明显，是湿热多雨的地方之一。

茅 岭 江

茅岭江古称渔洪江，又名西江，南海水系，为广西壮族自治区钦州市最大河流，发源于市内钦北区板城乡屯车村公所龙门村，经钦北区、钦南区、防城港市防城区的茅岭乡注入茅尾海。干流全长 112 公里，流域面积 2959 平方公里。干流坡降为 0.69‰，总落差 135 米，流域平均高程为 109 米。流域西部为十万大山山脉。茅岭江各支流水力资源丰富，水电开发较多。航运黄屋屯以下可通航 40 吨级船只，下游近海航段，自 1970 年以来进行炸暗礁、设航标后，50 吨货轮可随时直达茅岭渡口。茅岭港，是干流上的主要港口。

水文特征：河流水量较为丰沛，据黄屋屯水文站多年观测，年平均流量为82.12 立方米/秒，多年平均年径流量为 25.9 亿立方米，年径流深为 1000 毫米。由于受降水变化的影响，河流流量的年内变化较大，在汛期（4~9 月），径流量为19.99 亿立方米，占年径流量的 77.2%，最大月径流量一般出现于 6~8 月，约占全年的 50%；枯季（10~来年 3 月）径流量为 5.9 亿立方米，占年径流量的 22.8%，最小月径流量出现于 12~来年 2 月，仅占全年的 9%。河流的侵蚀模数为 187 吨/平方公里，年输沙量为 55.3 万吨。

茅岭江下游因河床浅窄，加上坡降平缓（三门滩至河口约为万分之一），又有潮水顶托，一遇洪水，常常成灾。茅岭江（黄屋屯水文站）的水文特征：较大洪水的最大水位变幅接近 9 米，一般变幅 5 米左右；洪水历时一般为 2~3 天，涨洪历时约 1 天，落洪历时约 2 天。发生洪水期间潮夕消失。纯潮期间，一般每日发生高、低潮各一次，半月周期的新老潮期交替之日则发生高、低潮各两次，基本上属不正规混合全日潮型。涨潮潮差最大为 2.11 米，平均为 1.01 米；落潮潮差最大2.06 米，平均 1.04 米。涨潮历时最大为 8 小时 13 分，平均 4 小时 31 分；落潮历时最大为 23 小时 41 分，平均 17 小时 8 分。

大　风　江

大风江又名平银江，属钦州市三大河流之一。发源于灵山县伯劳乡淡屋村，流经灵山县万利、伯劳，于羊咩坡入钦州市境，再经那彭、平银、东场等地，于犀牛脚乡沙角村注入钦州湾。干流全长 158 公里，流域面积 1927 平方公里，其中钦州市境内河长 105 公里，流域面积 1339 平方公里。流域面积 50 平方公里以上的一级支流有白鹤江、丹竹江、关塘河三条。

河流平均高程为 43.2 米，总落差 45.8 米，干流坡降为 0.16‰，河道弯曲系数为 1.56。大风江上游（灵山伯劳河段）河面宽约 40 米，平常水深 0.8 米；中游（那彭河段）河面宽约 70 米，平常水深 1.0 左右；下游（平银河段）河面宽约 100 米，平常水深 1.5 米。钦州市境内河段属中、下游，沙质河床，洪水期略有冲淤变化，沿河两岸较稳定。平银以下河段河槽较深，海潮可上溯至平银附近。

其水文特征是：洪水陡涨陡落，最大水位变幅近 14 米，一般变幅约 7 米；洪水历时约 2 天，涨、退水历时各据坡朗坪水文站观测，大风江多年平均流量为 58.98 立方米/秒，多年平均年径流量为 18.6 亿立方米，年径流深 1100 毫米。流量的年内分配极不均匀，其变化规律与降雨相似，集中于 4~9 月（汛期），此期间的流量占全年总流量的 88%，其中以 8 月流量为最大，约占全年流量的 24%；而 10~来年 3 月（枯季）流量较小，只占年流量的 12%，尤其是冬季（12~来年 2 月），3 个月的流量仅占全年流量的 4%。河流的侵蚀模数为 187 吨/平方公里，年输沙量 36 万吨。60 年代以前，大风江干流中、下游常年可通航，10~15 吨位船只可由河口通至那彭，航程 59.26 公里。60 年代后，在那彭至油埠河段先后兴建了三处拦河坝，由于没有配套建船闸，这一河段已不能通航。

南流江钦州段

流江在合浦县境干流长约 100 公里，流域面积 1381.2 平方公里。在县东北曲樟乡早禾村公所所属新渡村北折而西行。始成为合浦、浦北两县界河。其后出入于两县边界间。张黄江口以下，流向南折约 78 公里，至常乐镇再流经石康、石湾、廉州、沙岗、党江等镇。在石康镇和石湾境，先后两次分叉，分流数公里后又复合，然后在石湾周江口村，流进周江入海水道，南行约 35 公里，流经县城入海。河道在石湾以下，分叉更多：在环城公鹅滩分出的一支，流入洪潮江，至沙岗田寮复汇合干流。干流在环城泥江口分出一支西南流，约 2 公里，至党江圩西，再分东、西水道，分别曲折南行 10 公里和 8.5 公里入海。干流自泥江口向西南流，至沙岗沿七星岛西北入海。在七星岛北另分的一支，沿岛东南流，再沿岛的南端入海。是广西独流入海第一大河。是广西南部独自流入大海的河流中，流程最长、流域面积最广、水量最丰富的河流。

金鼓江和鹿耳环江潮汐河口

潮汐河口亦称"入海河口"，指河流入海受到潮汐影响的河段。其水位和含盐度都因潮汐涨落和径流大小而变化。根据径流和潮流势力对比的强弱和挟沙量的不同，塑造成的河口形态亦不同。通常，按地貌，分三角洲河口和三角港河口两类；按海洋动力因素的影响程度，分强潮河口和弱潮河口，前者年平均潮差大于 4 米，后者小于 2 米。也有按河口盐淡水混合程度来区分的，一般将盐度垂直分布差小于 15% 的河口称"强潮河口"，反之称"弱潮河口"。

特点：根据径流和潮流势力对比的强弱和挟沙量的不同，塑造成的河口形态亦不同。通常，按地貌，分三角洲河口和三角港河口两类；按海洋动力因素的影响程度，分强潮河口和弱潮河口，前者年平均潮差大于 4 米，后者小于 2 米。也有按河口盐淡水混合程度来区分的，一般将盐度垂直分布差小于 15% 的河口称"强潮河口"，反之称"弱潮河口"。

分类：(1)强潮海相河口：这类河口以钱塘江为代表，其特点是潮流强，泥沙来自口外海滨。平面外形呈喇叭口形，盐淡水混合对泥沙运动的影响较小。(2)弱潮陆相河口：这类河口以黄河口为代表。其特点是潮流弱，河流来沙很丰富，河口区河道容易改道，常形成圆弧状三角洲，口门附近常有拦门沙。(3)湖源海相河口：黄浦江、浏河等河口属于这种类型。这类河口的上游有湖泊，故径流经过湖泊的调节作用后变幅较小，泥沙来自沿岸流，口门处有拦门沙，河道形态沿程变化小，并且比较弯曲。(4)陆海双向河口：属于这类河口有长江、辽河、闽江及鸭绿江等河的河口，其特点是陆相和海相的泥沙都较丰富，径流和潮流的力量相当，口门处常形成拦门沙，而口门内也会形成隆起的沙坎。

7.4 海滩教学点

三娘湾(月亮湾)

三娘湾，广西十佳景区之一，国家 4A 级景区，是中华白海豚的故乡。地处中国南方北部湾沿海，位于广西壮族自治区钦州市犀牛脚镇南面。三娘湾村东与北海隔海相望，西与钦州港毗邻防钦犀二级公路可直达三娘湾，水陆交通便捷，水产资源丰富，有青蟹、大蚝、对虾、石斑鱼四大名产。

月亮湾风景区位于离泾县县城 18 公里处的蔡村镇大康村，是国 AA 级旅游景区。驱车而至，扑面而来的是阵阵清风，夹杂着翠竹的清香；映入眼帘的是巍巍青山，静静流淌的小河；耳旁是一片静谧，只偶尔闻得远处传来的船工号声月亮湾，美在自然，美在自然的景观、自然的山水。这里还被多家电影制片厂选为外景拍摄基地，

《渡江侦察记》《月亮湾的笑声》《月亮湾的风波》等优秀影视作品都曾在此拍摄外景。

沙 督 岛

沙督岛在钦州犀牛脚镇沙角村外，大风江口处，依偎着三娘湾，从沙角码头乘船十五分钟可达，遇到退潮时也可步行涉水而过。沙督岛果然名不虚传，方圆约 1.5 平方公里大小，全岛被金黄的细沙覆盖着，周边是清澈的海水，纯净得有种让人透不过气的感觉，是北部湾沿海少见的胜景——蓝天、白云、金沙、绿水、白浪，以及漫天飞翔的海鸟，构成了一幅沁人心脾的美妙画图。

怪 石 滩

怪石滩位于江山半岛南端，坐落在半岛第二高峰——灯架岭脚下，系海蚀地貌，石头呈褐红色，经海浪千百万年的雕刻，形成今天形态各异、奇形怪状的天然石雕群，当地百姓据此起名怪石滩。2000 年某核电公司曾计划在此建核电站，遭到当地村民的强烈反对，村民不允许开发，原始胜景得以保存下来。怪石滩崖高岩矗，酷似内陆江河边上悬崖，故游人又赋名"海上赤壁"。

白 浪 滩

白浪滩(又名大平坡，因海滩地平宽广而得名)。现为广西壮族自治区防城港市著名的海滨度假旅游胜地。国家 4A 级旅游景区。

位于防城港市江山半岛的东南部，是江山半岛旅游度假区的核心景区，长 5.5 公里，最宽处 2.8 公里，因沙滩平缓，常常可见排排白浪滚滚而来，壮观瑰丽，故名白浪滩。

白浪滩因沙子中富含钛矿而白中泛黑，是世界上较罕见的"黑金沙滩"之一。钛(元素符号：Ti，英文名：titanium，原子序数 22)是一种非磁性稀有金属元素，可经酸解、水解与氧发生反应，生成二氧化钛(英文名：Titanium Dioxide)，分子式为 TiO_2，相对分子质量 79.90)。二氧化钛是世界上最白的物质，黏附力、遮盖力强，1 克二氧化钛可以把 450 平方厘米的面积涂得雪白，且无毒无味，吸收辐射力强，被广泛应用于化妆品原料，几乎所有的美白化妆品都含有二氧化钛。二氧化钛还被广泛应用于航天、医药、食品、环保等各行各业。钛沙浴是最简单、最直接的天然美白方法。在沙滩上挖一个坑，让钛沙把自己埋起来，人体中分泌的汗液等酸性物质可以催化钛与氧的反应，埋上一段时间以后，人体皮肤会感觉到明显的爽滑，如涂凝脂。

金 滩

金滩，位于东兴市万尾岛上，有 10 公里长的海滩，集沙细、浪平、坡缓、水暖于一身，无污染，海水清澈，是广西继北海银滩之后的又一滨海旅游热点。金滩面积 15 平方公里，因沙色金黄而得此名。金滩之沙金黄、细腻而柔软，纯天然的沙滩延绵数十里，站在金滩上，迎着海风、隔着蔚蓝色的海水，可以遥望西南方向水天一色的越南海景。

在金海湾郁郁葱葱的红树林和浩瀚的海天之间，是一望无际的迷人沙滩，金海湾的沙滩辽阔、纯净，虽然和与沙质细白著称的银滩相隔不远，却呈现出迥然不同的令人惊艳的金黄，远远望去像是镶在岸边的一条金色丝带，这片沙滩因此得名金滩，金海湾红树林生态休闲度假旅游区也由此命名，金滩绵延 20 多里，滩平坡缓，沙质细腻，因为红树林的原因有着丰富的海产品资源。

7.5　校外教学实践基地——供水厂

钦州市开投水务有限公司

钦州市开投水务有限公司(以下简称开投水务公司)是钦州市开发投资集团有限公司下属的一个全资子公司，于 2010 年 9 月 28 日注册成立，注册资金 2000 万元。公司经营范围是：主营供水、市政建设安装工程施工、管网维修、水质检测、水表检测，兼营饮用水的深度开发与应用。公司现有 2 座供水厂和 1 座污水处理厂，主要负责整个钦州市区的自来水供应以及污水处理业务。截至 2011 年底，公司设计日供水能力为 30 万立方米，污水处理能力 16 万立方米。公司水质检测技术装备、检测能力得到不断提高，供水水质优于国家标准，管网压力合格率和管网修漏及时率均得到改善。目前，开投水务公司将以水务为主，发展多种经营，延伸水务产业链，做大做强水务产业，努力打造一流的供排水一体化、城乡一体化和投资主体多元化的现代化水务公司。

钦州市第一供水厂

第一供水厂隶属钦州市开发投资集团有限公司下属全资子公司钦州市开投水务有限公司，厂区位于钦州湾大道 138 号，占地面积约 30000 平方米。建于 1978 年，始供水量 1.5 万吨/日，为适应主城区经济迅速发展对供水的不断需求，经 1987 年、1994 年和 2009 年三期的改扩建，现设计生产能力为 10 万吨/日，实际日供水量约 8 万吨。目前全厂职工为 38 人，实行五班三倒工作制。原水采用青年水闸上游的钦江江河水(应急水源水由大马鞍水库供给)，直接由地下管引至厂区。厂区现有三套常规制水生产工艺：原水经取水泵→絮凝沉淀→过滤→消毒→清水池→送水泵房→管网→用户，生产实现了自动投矾、加氯等，生产工艺符合国家相关规范标准。新建成水质检测中心大楼(全广西第四个具备 106 项检测能力的地级市)，同时有完善的水质管理制度，出厂水水质符合《生活饮用水卫生标准 GB5749-2006》。目前，第一供水厂正在实施取水改造及技术改造项目，预计今年 3 月底可竣工投入使用，届时将改由第二水厂取水泵房统一向城区两个水厂供应原水，及实现第一水厂在线监测和自动控制功能，从而大大提高厂区自动化水平，减少人员投入，提高工作效率，进一步实现现代化水厂管理。

钦州市第二供水厂

钦州市第二供水厂位于钦州市钦北铁路与钦江交汇东北角，总占地面积约 174 亩，绿化面积占 40 %，是国有独资企业，隶属于市开投集团子公司钦州市开投水务有限公司管理。设办公室、中控室、生产技术室、机修室、水质化验室，干部职工 42 名。

钦州市第二水厂经市政府同意，由钦州市开发投资集团有限公司投资建设，建成后由钦州市开投水务有限公司进行运营管理。项目总投资 3 亿元，规模日供水能力 35 万吨，分三期建设。一二期工程于 2009 年开始投资建设，总投资 1.6 亿元，日供水能力 20 万吨，设备按 10 万吨每日安装。水厂主要由网格平流沉淀池、V 形滤池、清水池、气水反冲洗设备泵房、一二级泵房、高低压配电房、原水管道、加药加氯车间、泥水调节池、综合办公楼等工程建筑物组成。核心制水工艺及控制系统采全自动控制系统。主要机电设备、电器和仪表均是国际、国内最先进产品，自动化程度高、设备运行安全可靠、操作简便，各主要设备均由中控室通过计算机实现远程控制，各工艺参数能及时反映在在线仪表及监控计算机上，并由计算机自动控制，实现水质实时监控、管网优化调度、办公基本自动的先进运营格局。

第二水厂二期工程将于 2011 年 11 月完成，服务面积可辐射至滨海新城、钦州港，为我市经济社会的发展提供坚实的供水保障。

以上信息来源于公司网站。

7.6 校外教学实践基地——水文站

青 年 水 闸

钦江青年水闸作为钦州水源地，哺育、伴随千百万的钦州人成长，50 多年来经过多次修缮和改建，从 2015 年 12 月底开始进行一次较大的加固工程，工程施工工期 22 个月，施工因汛期影响需跨 3 年时间。1959 年青年水闸由钦县水电局设计，全县共青团员、青年民兵、机关干部、驻钦部队官兵、学生、居民参加施工。以共青团员、青年民兵为主，每天约 7000 人劳动，故名为"钦江青年水闸"。坝首工程共用 44.5 万个工日，国家投资 177.5 万元。坝体设计采用乌克兰式混凝土包壳坝。拦河坝长 151.6 米，坝顶高程 6 米，闸顶高程 8.5 米，最大坝高 4 米，坝顶上设直升闸门 27 孔，其中 14 孔闸宽度各为 6 米，13 孔闸宽度各为 3 米。技术参数：钦州市青年水闸除险加固工程的建设单位为钦州市青年水闸水利电力管理处，钦州市青年水闸除险加固工程在原坝址修建，修建拦河闸段轴线长 137.0 米，布置 15 孔开敞式平底闸，其中主河道 12 孔闸室底板高程为 3.2 米，闸门挡水高度 5.5 米，闸顶桥面高程 13.5 米，每个闸孔净宽 9 米，闸孔总净宽 108 米；电站进水闸门 3 孔，闸底高程 5.5 米。闸坝底宽 15.0 米，上游连接段为 10 米长砼护底，下游连接段包括消力池、海漫、下游防冲槽等，消力池长 41 米，格宾网石笼海漫长 35 米，格宾网石笼防冲槽长 13 米。

陆屋水文站

广西壮族自治区水文总站陆屋水文站主要经营水文水资源调查评价。观测及搜集河流、湖泊、水库等水体的水文、气象资料的基层水文机构。水文站观测的水文要素包括水位、流速、流向、波浪、含沙量、水温、冰情、地下水、水质等；气象要素包括降水量、蒸发量、气温、湿度、气压和风等。水文站的观测项目可分为：水位、流量、泥沙、降水、蒸发五大类，自 2008 年来还有断面污染取样。流量观测内容有：流速、水深、风向风力；流速测量方法有：浮标法、流速仪法及超声波法。流速测量设备有：吊箱、船、重铅鱼过河。含沙量观测内容有：主要观测分析河流水中泥沙含量和泥沙粗细颗粒分级，取样分为悬移质、推移质、河床质，目前主要取样有悬移质和河床质。降水观测内容：降雪和降雨，主要观测仪器为雨量计和雨量筒，雨量计主要观测降水，仪器型式有远传和非远传。蒸发：与降水观测相反，降水观测是观测降到地面的水量，蒸发则是观测从地面到空中的水量，主要观测仪器为蒸发器和蒸发皿。

陆屋水文站于 1953 年 5 月设立，位于灵山县陆屋镇三街，地理位置为东经 108°57′，北纬 22°17′，是钦江中上游的控制站，属国家基本水文站和省级重要水文站。

陆屋水文站是社会公益性事业单位，为国民经济发展规划和建设、水利水电、道路和桥梁等工程建设的设计提供科学的水文数据，为陆屋镇及钦江下游各级政府防汛抗旱提供水情情报及预报。

本站集水面积 1400 平方千米，干流河长 98 千米，主要观测项目有：水位、流量、泥沙、降水量、蒸发量、水温、岸温、水质。本站建站以来实测最高水位 32.01 米（85 基准），实测最低水位 19.50 米，实测最大流量 3850 立方米/秒，最小流量为 0.087 立方米/秒，最大含沙量 3.25 千克/立方米，历史调查最高水位 34.36 米，最大流量 6910 立方米/秒。

随着国家防汛指挥系统钦州水情分中心的投入使用，陆屋水文站的测验设施设备得到更新改选。水位、雨量全部实现了信息的自动采集和传输，为及时、准确地传递水文信息、提供洪水预警预报提供了可靠的保障。

陆屋水文站在历年的抗洪减灾工作做出巨大贡献，特别是在洪水漫滩到左岸后，在观测道路被洪水淹没的情况下，陆屋水文站的职工冒着生命危险，克服种种困难，及时测报洪水，提供了大量准确的水文信息，为防汛指挥决策、水利工程的安全调度和运行提供了重要依据。

7.7 校外教学实践基地——气象站

钦州市气象观测站

气象观测站是一个自动化的气象站，使用方便，操作简单，而且本身全自动低功耗气象站，采用干电池供电的方式（通讯方式：USB 现场取数），气象站具有断电数据保护功能，并可以采用太阳能供电方式，使用 GPRS 无线远传，可节省人力或测量偏远地区的气象资料。该系统通过 GPRS（GSN）系统和 GORS（CDMA）系统差不多可以进行实时回报，或储存的数据作日后传送。气象观测站往往被放置在供电网络和通讯网络内。太阳能电池板，移动电话技术使气象观测站能在供电网络和通讯网络外，通过无线方式传送资料。

7.8 校外教学实践基地——红树林湿地

钦州湾的红树林湿地

钦州湾的红树林湿地已被列入中国重要湿地名录，是自治区级自然保护区。茅尾海红树林自然保护区位于钦州市境内，最近处距市区不到 10 公里，总面积 2700 多公顷，分别由康熙岭片、坚心围片、七十二泾片和大风江片四大片组成。其中，康熙岭片区位于康熙岭镇辖区的滩涂湿地；坚心围片区位于茅尾海区域的尖山、大番坡坚心围一带的滩涂湿地；七十二泾片区位于钦州港辖区的滩涂湿地；大风江片区位于东场镇、那丽镇大风江区域的滩涂湿地。由桐花树、白骨壤、秋茄、木榄、红海榄、海漆等树种组成的红树林，一般为 2 米高的灌丛，个别单株高达8 米。

广西合浦山口红树林生态自然保护区

合浦山口红树林生态自然保护区是 1990 年 10 月被国务院列入首批国家五个海洋自然保护区之一，1991 年 5 月被国家海洋局和广西壮族自治区政府定为国家级山口红树林。该自然保护区新近又加入了联合国教科文组织人与生物圈保护区。红树林是热带、亚热带海岸潮间带特有的胎生木本植物群落，素有"海上森林"之称，幽秘神奇、倚海而生、随潮涨而隐、潮退而现，是国家级重点保护的珍稀植物。北海山口镇的国家级红树林自然保护区位于广西北海市合浦县境内，海岸线长 50 公里，面积 8000 公顷，光热充足，港湾深入内陆，封闭好，海水污染程度低，理化性质稳定，滩涂淤泥肥沃，适宜于红树林生长，保护红树林面积为 7.2 平方公里，共有红海榄树、秋茄、桐花树等 12 种红树林植物，是广西乃至全国大陆海岸发育良好，连片大，结构较典型，保护较完整的红树林区。

金海湾红树林景区

金海湾红树林生态休闲度假旅游区是我国极负滨海湿地风情和渔家文化内涵的黄金景点。位于北海市区东南方约 15 公里处，与素有"天下第一滩"之称的国家 4A 级景区北海银滩一脉相连。整个景区面积约 20 平方公里，由红树林观光带、金滩和主园区三部分构成。区内拥有一片 2000 多亩的海上"森林卫士"——红树林，百种鸟类、昆虫、贝类、鱼、虾、蟹等生物在此繁衍栖息，是我国罕见的海洋生物多样性保护区。在这里可欣赏群鹭飞天，蓝天碧海，红日白沙的诗意画卷，诗人王勃的"落霞与孤鹜齐飞，秋水共长天一色"千古名句在这里可得到验证。中国的红树种类有 37 种：金海湾红树林景区内就有 7 种：白骨壤、桐花树、秋茄、海桑、卤蕨、木榄和红海榄；大海每天潮涨潮落，红树林也周期性地浸泡在海水之中，潮汐的涨落与月亮的运行有关，红树林也据此来调整自己的生命节律。

山口红树林生态自然保护区

广西山口红树林生态自然保护区是 1990 年 9 月国务院批准建立的我国首批 5 个国家级海洋类型保护区之一。山口保护区在成为中国 MAB 保护区和中国重要湿地之后，2000 年 1 月被纳入世界人与生物圈（MAB）保护区，2002 年元月又被列为国际重要湿地，并与美国鲁克利湾河口研究保护区结成姐妹保护区关系。此外还被命名为"广西青少年科技教育基地""广西绿色环保教育基地"和"北海市科普基地"。

保护区位于广西合浦县沙田半岛东西两侧，东侧英罗港，西侧丹兜海。保护区海岸线总长 50 公里，总面积 8000 公顷（其中海域、陆域各为 4000 公顷）。保护区的保护对象是红树林生态系，区内的天然红树林发育良好、结构独特、连片较大、保存较完整，是我国大陆海岸红树林典型代表。区内有红树植物 13 种（真红树 8 种，木榄、秋茄、红海榄、桐花树、白骨壤、海桑、榄李、老鼠勒。半红树 5 种，卤蕨、节槿、杨叶肖槿、水黄皮、海芒果）。其他常见高等植物 19 种，浮游植物 96 种，底栖硅藻 158 种、鱼类 82 种，贝类 90 种、虾蟹 61 种、浮游动物 26 种、鸟类 106 种(其中 13 种属国家二级保护鸟类)、昆虫 258 种、其他动物 16 种。此外，保护区英罗港红树林外围有两个海草场，面积约 266 公顷。保护区目前有林面积 806.2 公顷，比建区时有效增加了 10%。

北仑河口自然保护区

广西北仑河口国家级自然保护区位于我国大陆海岸线最西南端的广西壮族自治区防城港市西南沿海地带，包括东起防城区江山乡白龙半岛，西至东兴市东兴镇罗浮江与北仑河汇集处的滩涂和部分海域，跨越防城区和东兴市的 13 个自然村，地理坐标为东经 108°00′30″~108°16′30″，北纬 21°31′00″~21°37′30″，海岸线总长 105 公里，总面积 119.27 平方公里(其中核心区面积 48.65 平方公里，实验区面积 70.62 平方公里)，此外，外围缓冲区为保护区海岸线高潮线以上 1 公里以内的陆地分水岭面积 35 平方公里。保护区于 1985 年建立县级红树林保护区，1990 年晋升为省级海洋自然保护区，2000 年 4 月经国务院批准晋升为国家级自然保护区，以红树林生态系为保护对象。2001 年 7 月，加入中国人与生物圈(MAB)组织，2004 年 7 月加入中国生物多样性保护基金会自然保护区委员会。保护区管理机构为广西北仑河口国家级自然保护区管理处，现有管理人员 10 名，编外护林员 12 名。

保护区南濒北部湾，西与越南交界(北仑河为中越两国界河)，自西向东跨越北仑河口、万尾岛和珍珠湾(港湾)，有河口海岸、开阔海岸和海域海岸等地貌类型，属南亚热带海洋性季风气候区。保护区内有红树植物 14 种(其中真红树 9 种、半红树 5 种)，主要红树植物种类有白骨壤、桐花树、秋茄、木榄、红海榄、海漆、老鼠勒、榄李、卤蕨、水黄皮、黄槿、杨叶肖槿、海芒果、银叶树等。其他常见高等植物 19 种，大型底栖动物 84 种，鱼类 27 种，鸟类 128 种(属国家二级保护动物 13 种)。具有较高的生物多样性。保护区内的红树林有林面积 12.60 平方公里，主要的红树植物群落类型有白骨壤群落、桐花树群落、秋茄群落、木榄群落和老鼠勒群落等 12 种，其中老鼠勒群落分布面积较大为国内少见。

7.9　校外教学实践基地——山地水文

八　寨　沟

八寨沟风景区位于广西钦州市贵台镇境内，是一块躲在深闺待人识的处女地，是一个幽谷探险、放飞夏日心情的清凉世界。区内山峦重叠，云遮雾障，林海茫茫，是广西东南部森林植被保护和恢复得较好的地带。八寨沟在钦州大寺镇至上思县四级公路往贵台乡方向的路边上。从高速路口下经大寺往贵台乡走约二十公里，路边有明显指示牌。距离南北高速公路二十余里，距离钦州至上思县二级公路仅是三公里多。进入景区道路，均是混凝土和柏油路路面，无高坡要道。长八公里，有砂页岩山涧地貌，溪河蜿蜒，河水湍急，清澈透亮，有八十多个大小各异的泉潭，小的像浴盘，大的可同时容纳百人游泳戏水，大自然造化形成了八寨沟美山美水的自然景点。

水文：景区内主要河流八寨沟，在大寺江的源头之一，属茅岭江支流，注入南海北部湾。

气候：八寨沟旅游区气候属亚热带季风气候，冬无严寒、夏无酷暑。年平均气温为 21.3℃～22.4℃，最低温的月份为 18℃～19℃，最高温月份为 26.1℃～26.5℃；年平均雨量 1203.6～2820 毫米，年均相对湿度 82%，年平均日照时数 1783 小时。

龙 珠 湖

位于八寨沟景区大门外，是一个人工湖，湖面宽广，三面环山，景色秀丽，可乘木船游览龙珠湖风光，混凝土大坝外有人工瀑布，瀑布下面是深水潭，有一架仿古大水车，在流水驱动下不停转动。

仙 女 池

仙女池是八寨沟第一个大水潭，从风情林出发，经过石桥后即可到达，传说曾有仙女沐浴于此，其水能使肌肤更加细腻嫩滑，环境深幽，水不深，最适合女性沐浴。

鸳 鸯 池

位于仙女池上面，此处泉水清澈，绿荫掩映，有流水形成的小瀑布，是情侣沐浴的好去处。

新 月 潭

新月潭是八寨沟最大的山泉浴池，可容纳多人共同嬉戏、游泳。

会 仙 池

此处潭清水浅，适合儿童及水性不好的游客戏水。

将 军 潭

是八寨沟最深的天然水潭，潭水青幽不见底，清澈冷冽，是夏日游泳的好去处，旁边有山岩平台，可体验跳水活动，上方有山泉飞瀑飞流直下，游人可以站着或者躺着冲山泉。

红 岩 滩

红岩滩是八寨沟独具特色景点之一，此处潭水较浅，水流平缓，潭底是大片红色、黄色的岩石，与周围绿色山林互相影衬，风景秀美。

瑶 池

位于八寨沟景区的最高处，天池是八寨沟主要水源地，这里湖光山色，风光独特。

十万大山国家森林公园

公园位于广西防城港市上思县南部、十万大山北麓、东经 107°53′~107°57′，北纬 21°53′~21°55′，距上思县城 35 公里，距南宁市 135 公里，东离钦州港 121 公里，南抵防城港 118 公里，西往崇左市 109 公里，西南穿越十万大山到与越南仅一河之隔的东兴市 148 公里，可以"一小时上天，一小时下海，一小时进城，一小时出边"。原始森林茂密，瀑布成群，晨雾弥漫，山清水秀，空气清新，地表水质达到国家(GB3838-2002)Ⅰ类标准，空气中负氧离子含量最高处达 16.2 万个/立方厘米，是北部湾地区空气负氧离子含量最高的地方，2011 年被中国生态学会授予"中国氧都"称号，是"北部湾的绿肺"；这里冬无严寒，夏无酷暑，平均气温 21.2℃，形成温和湿润，凉爽宜人的森林小气候特征。已知植物种类 195 科 533 属 1890 种。其中材用树种 200 多种，药用植物 100 多种，油科植物 40 多种，水果类 30 多种，淀粉类 20 多种，野菜类 30 多种。比较有特色的有万年木(俗称"龙袍树")、深山奇景过江龙(左右扭)、阴阳树、分合树、九龙松、石上根源、情网同心等。其中有国家一级重点保护的金花茶，国家二级重点保护的万年木、紫荆木，三级保护的锯叶竹节树等。有野生动物 300 多种，其中兽类 60 多种，鸟类 200 多种，两栖类 20 多种，爬行类 20 多种，鱼类 30 多种。属国家一级保护的有 5 种，如巨蜥、黄腹角雉等，二级保护的有 18 种，如山瑞鳖、穿山甲、大灵猫、小灵猫等，堪称天然的"动植物王国""天然药库""生物多样性基因库"。

石 头 河

石头河是珠江水源头之一，河谷长 6.5 公里，常年流水不断，水质清纯达到国家 1 类质量标准。沿谷流泉瀑布，或像飞雪卷云，喷珠溅玉；或如万斛珠儿，凌空倾泻。每逢山洪暴发，响声如雷，声传数里。

天 女 浴 池

跌水瀑布形成的水潭，深约 3 米。因传说古时每年七月七日，天上的仙女赶往南海"鹊桥相会"时，下凡于此潭淋浴而得名。

五皇山地质公园

五皇山地质公园从地理上看位于广西浦北县龙门镇马兰村西部五皇岭山脉内，从地质上看位于华南板块南华活动带钦州残余地槽六万山凸起西南缘，面积 40 平方公里，五皇山因其独特地质遗迹，于 2008 年 8 月被广西壮族自治区国土资源厅授予为省级地质公园，属钦州市第一个省级地质公园。2015 年 12 月，国土资源部关于同意命名广西浦北五皇山国家地质公园。坐落龙门、北通、大成、白石水、张黄五镇交界处。距北海 103 公里，钦州 135 公里，涉及面积 7.5 平方公里，海拔770 米。浦北五皇山美丽而神奇，以石奇山峻、云海神峰而闻名，具有非常丰富、独特的旅游资源，素有天然氧吧、森林浴场之称。景内山巍、水澈、石怪、瀑布泉清，森林茂密、植被原始、奇石林立、古木参天。有仙女潭、响水滩瀑布、青山顶瀑布、人头石瀑布、妹追寨奇石群、石柱岭奇石群，有妹追寨 4000 亩高山云雾茶园和人头石 5 公里长的高山天然牧场，还有千年石阶、石头河、桃花园、梯田和水车等，构成了五皇山独特的旅游景观。这里还是名冠全国的红椎林保护林区，连片的椎林就有 12 万亩之多，乃全国最大的红椎林保护区。红椎林树下盛产名贵野生红蘑菇(俗称红椎菌)、野生橄榄、无花果等 30 多种野果、野菜等几十种亚热带雨林食用野果和高山云雾茶。是名副其实的天然绿色食品，生态食品中的宠儿，不仅营养丰富，而且美味可口。五皇岭常年云雾缭绕，密林、幽谷、溪流形成美丽的自然景观，峰顶奇石林立，尤其是惟妙惟肖的巨阳石吸引了无数游人顶礼膜拜，双乳峰等景色令人暇想无限。

玉 女 溪

妩媚温柔，轻展舒缓，是五皇山的水流特色。玉女溪，清澈见底，弯弯曲曲，跳石过坎，叮咚而下，小溪中有瀑布、有鸣泉，却不急不躁。在"玉女瀑布"下，仰望瀑布，只见洁白的流水如练如带，如一条白色纱巾挂在山间，没有"飞流直下三千尺，疑是银河落九天"的壮观。导游说，传说这"玉女瀑布"是当年玉皇大帝的七仙女到五皇岭游玩时掉下的纱巾所变。溪中有一"玉女浴池"，两米见方菱形的天然石池，注满清水，充满着让人欲跳下去泡个痛快的诱惑力。传说这是七仙女洗浴过的地方，以前五皇山下住户人家的女儿，出嫁前一天都要到这里洗个澡，沾点灵气，好旺夫益子。由于整个小溪都与仙女有关，所以，小溪的水尽显着少女的温柔、和顺与妩媚。就连溪旁的树木藤萝因受其感染都变得一样的婀娜多姿。这些藤树，为了生存都拼命地把自己的根须伸向小溪，而枝叶则迎着太阳拼命向上，表现出一种锲而不舍的精神。溪旁长得最多的树木是无花果和芭蕉树，特别是芭蕉树，从山脚到半山腰都有其影子，浦北县真不愧为芭蕉之乡。

第8章　校外课程教学实习路线

8.1　实习路线参考

实习的具体路线及现场教学要求(参考)，可自行调整。

天数(时间)	路　　　线	内容
1	第一自来水厂—青年水闸—气象站	
2	中马工业园—保税港—仙岛湖公园(湿地)	
3	黄屋水文站—大卢村—灵东水库—山海崖	
4	八寨沟(上思国家森林公园)山地水文	
5	怪石滩—白浪滩—金滩(临海水文)	

有关气象学和气候学的知识，结合水文讲解。

路线具体实施方案一：

第一天：北部湾大学(7点半出发)→钦州市第一水厂(9点，了解生活饮用水的水处理工艺)→青年水闸(10点，了解水利枢纽结构、雨量站、水质及水文自动监测)→气象站(本部老校区)气象站工作原理。

第二天：北部湾大学(8点出发)钦江入海口，沙井港、马兰岛等，中马产业园(了解产业结构、布局等对水资源的影响)→钦州港保税保税区大厅展(了解产业结构、布局等对水资源的影响)→海关(了解码头结构、运营过程、压舱水的处理等)→仙岛湖公园(红树林，湿地养护)。了解潮汐优势型河口的动力、沉积、地貌过程及生态，包括：潮汐类型、落平时的平衡剖面、沙的中值粒径、平均粒径、分选及分布、输运规律等；了解沙滩的韵律微地形、不同海岸类型、弧形海岸的结构、能量分布；了解潮流、风浪传播、波浪变形过程、前进波、驻波、余流、纳潮量、潮汐通量、环流、风驱流、裂流等小尺度动力结构、红树林生态系统等)→北部湾

87

大学。

第三天：北部湾大学(7点半出发)→陆屋水文站→大卢村(池塘会古老村庄的影响)→灵山六峰山(了解)→灵东水库(了解土石坝结构、水库结构及水体的特殊性、水源地桉树、水工建筑物、平山镇水富营养化、库区移民等)→钦江源头(石塘俄境村)，住灵山。有时间去大芦村、灵山洞人遗址(了解乡村、古代人的水资源利用)→三海岩(滴水洞穴石刻形成与养护)。

第四天：八寨沟(山区河流的形成，深潭湖穴形成，山洪暴发地址灾害等)对比五皇山风景区和十万大山森林公园。

第五天：北部湾大学(7点半出发)→怪石滩→白浪滩→金滩(了解波浪优势型河口的动力、沉积、地貌过程及生态，包括：潮汐类型、落平时的平衡剖面、沙的中值粒径、平均粒径、分选及分布、输运规律等；了解沙滩的韵律微地形、不同海岸类型、弧形海岸的结构、能量分布；了解潮流、风浪传播、波浪变形过程、前进波、驻波、余流、纳潮量、潮汐通量、环流、风驱流、裂流等小尺度动力结构、红树林生态系统等)→北部湾大学。

路线具体实施方案二：

第一天：北部湾大学(7点半出发)→钦州市第一水厂(9点，了解生活饮用水的水处理工艺)→青年水闸(10点，了解水利枢纽结构、雨量站、水质及水文自动监测)→垃圾填埋场(了解垃圾填埋场的结构、功能、垃圾渗滤液的处理)→钦州市气象局气象监测站(新搬迁的地址)→水文局文化展→钦江入海口(下午5点，沙井港、马蓝岛等，了解潮汐优势型河口的动力、沉积、地貌过程及生态，包括：潮汐类型、落平时的平衡剖面、沙的中值粒径、平均粒径、分选及分布、输运规律等；了解沙滩的韵律微地形、不同海岸类型、弧形海岸的结构、能量分布；了解潮流、风浪传播、波浪变形过程、前进波、驻波、余流、纳潮量、潮汐通量、环流、风驱流、裂流等小尺度动力结构、红树林生态系统等)→北部湾大学。

第二天：北部湾大学(7点半出发)→中马产业园(了解产业结构、布局等对水资源的影响)→钦州港保税区大厅展(了解产业结构、布局等对水资源的影响)→海关(了解码头结构、运营过程、压舱水的处理等)→灵山六峰山(了解)→灵东水库(了解土石坝结构、水库结构及水体的特殊性、水源地桉树、水工建筑物、平山镇水富营养化、库区移民等)→钦江源头(石塘俄境村)，住灵山。有时间去大芦村、灵山洞人遗址(了解乡村、古代人的水资源利用)。

第三天：灵山→玉林(了解南流江上游城区水资源利用情况)→北流大容山(了解南流江的源头气象、地质地貌植被与水文关系、山区河流特性、水资源利用特点)→住玉林，有时间参观玉林师范学院。

第四天：玉林→陆川(了解养殖业对南流江中游水资源的影响)→博白(了解养殖业对南流江中游水资源的影响)→合浦的星岛湖((了解养殖业对南流江下游水资

源的影响、洪潮江水库生态养鱼模式），住合浦，有时间就看汉墓。

第五天：合浦→南流江河口（七星岛，星岛湖附近的上洋大桥等在维修，走沙岗镇或双洋大桥的大堤路；了解波浪优势型河口的动力、沉积、地貌过程及生态，包括：潮汐类型、落平时的平衡剖面、沙的中值粒径、平均粒径、分选及分布、输运规律等；了解沙滩的韵律微地形、不同海岸类型、弧形海岸的结构、能量分布；了解潮流、风浪传播、波浪变形过程、前进波、驻波、余流、纳潮量、潮汐通量、环流、风驱流、裂流等小尺度动力结构、红树林生态系统等））→北部湾大学。

以下路线为推荐候选路线，可以依据当年的水文情况自行安排。

候选一实习地点：北部湾大学→广西沿海水文水资源局、钦州市水利局→青年水闸、钦州市自来水厂→茅尾海入海河口→钦江入海口→陆屋水文站→灵东水库→玉林南流江源头→星岛湖→南流江河口→北部湾大学。

候选二实习地点：北部湾大学→广西沿海水文水资源局、钦州市水利局→青年水闸、钦州市自来水厂→钦江入海口→三娘湾水文监测站点→陆屋水文站→灵东水库→北海红树林→北海国家湿地公园监测中心→星岛湖→南流江河口→北部湾大学。

候选三实习地点：北部湾大学→广西沿海水文水资源局、钦州市水利局→青年水闸、钦州市自来水厂→钦江入海口→三娘湾水文监测站点→陆屋水文站→灵东水库→防城港白浪滩（白沙）→东兴北仑河红树林湿地保护中心→东兴金滩（黄沙）→北部湾大学。

表格见习点与观测内容记录表如下：

见习地点与观测内容记录表

序号	地点	讲解主要内容	学生观察数据

8.2　讲解老师的任务安排

依据单位情况和要求，分配随从班级人员，按秩序分批次进行。

讲解人员安排表如下：

讲解点	讲解人员	随队班级	记录内容
气象站	气象站工作人员	×××	基本情况，气象站仪器设备和工作原理
水文站	水文站点工作人员	×××	基本情况，水文站仪器设备和工作原理
供水公司	公司工作人员	×××	基本情况，仪器设备、工作原理和工艺流程
污水处理公司	公司工作人员	×××	基本情况，仪器设备、工作原理和工艺流程
灵东水库	水库管理人员	×××	基本情况，仪器设备、工作原理和工艺流程 ×××
其他野外见习点	具体老师名字	×××	现象、成因、原理、方法

8.3 带队教师和学生工作程序

1. 带队教师：填写见习活动审批表→组织实施→开动员大会→实施→实习总结报告→成绩评定。

2. 学生：分组→前期安排→路线选择→住宿安排→数据收集整理小组安排→安全小组安排→实习报告撰写→实习总结会议。

学生分组以及联系方式

序号	组长	联系方式	小组名单
1			
2			
3			

安全小组人员安排

分组安排	姓名	联系方式
组长		
组员		
组员		

(2)安全小组职责：

①小组成员要贯彻"安全第一、预防为主、综合治理"的方针。

②开好安全班会，即在出发前要对全体同学进行安全教育。

③小组组员要有全体同学的联系方式，遇到问题后，要第一时间与老师联系。

（3）住宿安排

（4）事项安排：住宿以现宿舍为单位进行安排，住宿的费用以宿舍为单位进行平摊，住宿统一由班级集体安排。

表格班级住宿酒店登记表

日期	住宿地点	费用（　）	住宿酒店（宾馆）	地址和联系方式

班级住宿详细登记表

住宿人员（间）房号	住宿名字	住宿名字

8.4　往次见习部分图片

8.4.1　气象站

钦州市国家气象站一个站点

雨量计

蒸发器

浅层深层地表温度

日照测量

部分班级集体照

8.4.2　青年水闸

青年水闸水文监测站左侧

青年水闸

8.4.3　钦州市第二水厂

第二水厂工艺流程图

净水池

沉淀池

出厂水样采样质控点

8.4.4　陆屋水文站

工作人员操作铅渔

铅渔样子

铅渔测深，流速，含沙量

水文站记录的少量表单

8.4.5 灵东水库

水库电机房和检测站

水库水文监测站

水库的水域

水库水闸单闸

8.4.6　八寨沟

人工筑坝对水文影响

覃伟荣老师在讲解

卢炳雄博士在讲解

李娜博士在讲解

X 型纹型

水动力搬运的鹅卵石

瑶池全景　　　　　　　　　　　　　　合影

8.4.7　怪石滩

水冲击岩石纹理发育　　　　　　　　　X 型纹理

水动力冲击裸露岸线切面　　　　　水搬运中散落各种形状怪石

卢炳雄博士讲解

水文搬运作用

怪石滩全景

金滩合影

8.4.8　白浪滩和金滩

金黄色细颗粒沙滩

8.4.9　红树林湿地

茅尾海红树林保护区

王华宇老师讲解

科普栈道

人工种植区

保护比较完整红树林区域

合影

8.4.10　入海河口渔政船

工作人员讲解入海河口水文　　工作人员讲解在西沙、南沙巡逻时水文气象观测

8.4.11　月亮湾观潮点水尺

月亮湾观潮水尺　　　　　　　覃伟荣讲解水尺读数等知识

8.4.12　星岛湖

星岛湖水文全景，内陆咸水湖

第五部分　校外实习总结与绩效考核

1. 报告编写

依据北部湾大学实践科下发的文件执行
《北部湾大学实习报告》教务处印制
报告任务之一:

简要写出以下三个高山区域流水的特点		
地点	内容	个人总结
十万大山森林公园		
五皇山地质公园		
八寨沟		

报告任务二:

简要写出三个海滩海岸海水运动特点		
地点	内容	个人总结
怪石滩		
白浪滩		
金滩		

报告任务三:

简要写出三个河流河水运动特点		
地点	内容	个人总结
钦江		
大风江		
茅岭江		

报告任务四：

简要写出污水厂和自来水厂工艺流程		
地点	工艺流程	个人总结
钦州第一自来水厂		
河东污水处理厂(生活污水)		
钦州港胜科水务公司(工业废水处理)		

2. 报告评议

按等级优秀、良好、合格、不合格。

参评实验报告论文的格式和评分原则执行(北部湾大学版本)。

第六部分　野外见习注意事项

1. 安全措施

1. 学生应按校内、校外指导老师的安排开展活动，不能单独行动及擅自行动；分散自由活动时，要求学生按照行前分好的小组活动，严禁擅自个别行动，教育学生发现问题或发生事故时要及时报告。

2. 注意保障个人人身安全、财物安全、饮食安全。

3. 在外出活动过程中，以高校大学生的良好风貌要求自己，不做破坏、践踏所到地区的原有环境的恶劣行径；文明用语、文明着装、文明出行。

4. 学生中途不得离队，特殊情况必须及时向老师请假，老师联系家长后方可批假。

5. 学生和指导老师务必保持通信畅通，每组的小组长负责管理好本组同学，班长统筹管理，指导老师须对全体学生的安全负责。

6. 在活动期间，若遇到特殊情况，则及时向带队老师汇报。

7. 把班级体分成几个小组，每组指定一名组长，采取组长负责制，各小组的组长要组织好自己的组员，对人数进行适时核查和清点。

8. 严格遵守实习单位的各项纪律要求。

9. 参照钦学院发〔2018〕100 号《关于印发北部湾大学实践教学安全管理办法（暂行）的通知》要求进行。

2. 应急方案

1. 及时向学校有关部门反映情况。

2. 听从指导老师的安排和指挥，多与实习指导老师联系，交流实习情况。

3. 及时妥善处理相关突发事件：若遇到突发事件，要及时与学生家长和二级学院领导及实习指导老师联系。

4. 各班级（包括带队指导老师）成立突发事件预警小组，外出实习、实践过程中携带基本的应急救助医药物品，根据现实条件和能力救护受伤学生，做好突发事件的疏散工作，通知以最快速度和方式将受伤者紧急送至附近医院救助，并及时与学院及家长取得联系。

5. 紧急事件处理程序：事件发生→1 位同学马上通知指导老师，1 位学生拨打110 或 120 报案→救护伤者，3 位同学送至医院→带队指导老师报告学校及家长→通知实习地点相关安全部门。

6. 突发事件一经出现，带队老师应沉着冷静，安抚其他同学的不安情绪，避免造成更大的损伤。